基本玩法

1

組裝投石器後，先利用其吸盤固定於一個平面上。

2

裝上藍色球，一手按穩投石器，另一手按下投石臂。

U0053823

放開投石臂把球彈出去！

迴轉
投石器

啊？獅子隊要試射了。
熊貓隊隊長
熊貓倫倫

就看看他們的表現如何吧。
A星隊隊長
Mr. A

調節發射方向

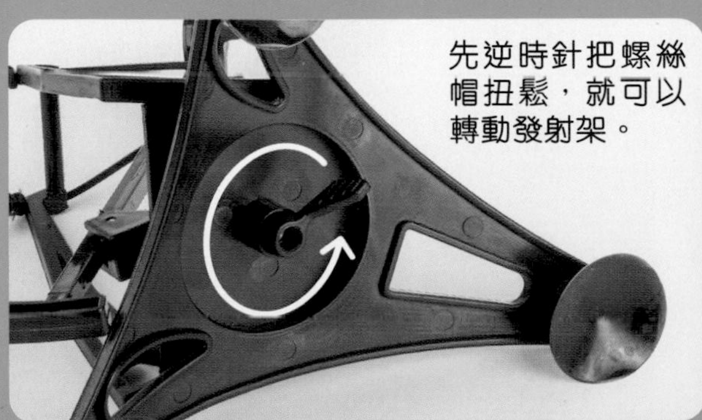

先逆時針把螺絲帽扭鬆，就可以轉動發射架。

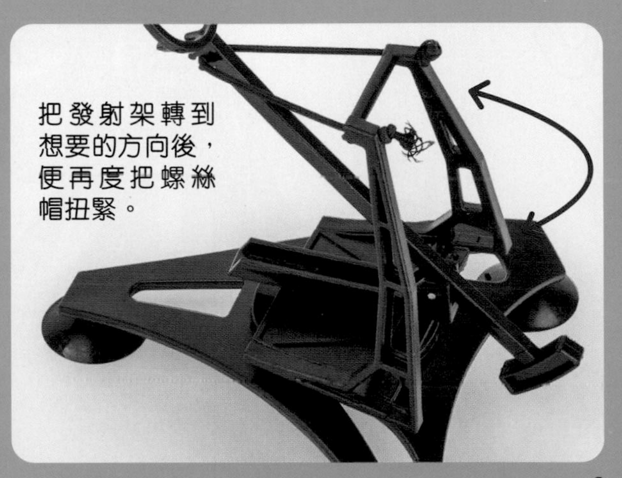

把發射架轉到想要的方向後，便再度把螺絲帽扭緊。

唔……獅子隊
也不差嘛。
45°
❶藍色球被拋出後，向前及向上起飛，發射角（即球的起始方向及水平線之間的角度）大約 45 度。
❷球受到重力拉扯，向上飛的速度愈來愈慢，在達至最高點後，便會開始掉落。同時，球因受到空氣阻力影響，向前飛的速度也會逐漸下降。

藍色球的飛行之旅

投石器的作用

在現代，投石器是娛樂或教學工具，但在古代則是攻城武器，用來破壞城牆或城牆內的建築物。

他們只是仿效古老的投石器，真的能贏今次的比賽嗎？

▶起初投石器由繩索的扭力轉動投石臂，從而拋擲石頭，其射程只有大約 120 米，而且準確度不高。

◀後來，重力投石機出現，其投石臂末端配有重物，可將石頭投擲至 300 米外。這種武器一直沿用至火藥武器出現。

▲在城牆下挖掘隧道，並用木板暫時支撐，待完工後再放火燒掉，令坑道及其上方的城牆塌陷。

如果不用這些武器，要攻擊城牆還能靠工兵在城牆下挖掘坑道，或在牆底放火，嘗試令其倒塌。

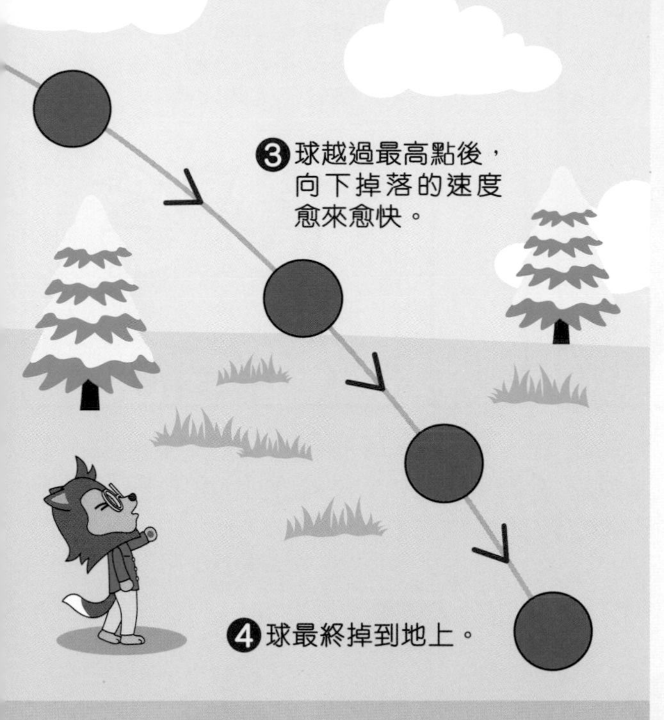
❸球越過最高點後，
向下掉落的速度
愈來愈快。
❹球最終掉到地上。

只是，不論用甚麼方法來擊毀城牆，都遇到一個問題，就是塌掉的城牆會留下一大堆瓦礫，令攻擊的一方難以通過。所以投石器雖可用來攻擊城牆，但並非最好的方法。

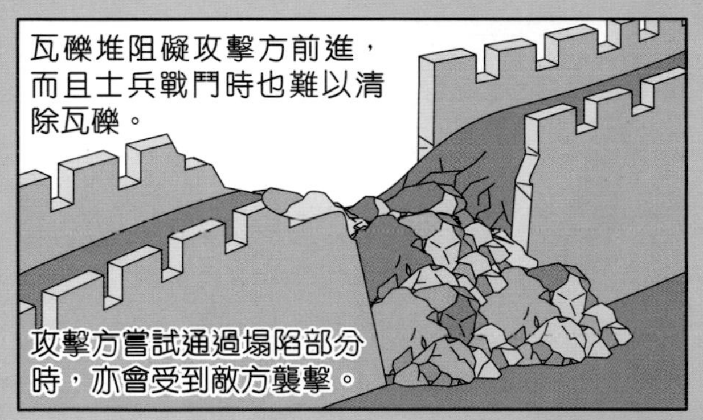
瓦礫堆阻礙攻擊方前進，
而且士兵戰鬥時也難以清
除瓦礫。
攻擊方嘗試通過塌陷部分
時，亦會受到敵方襲擊。

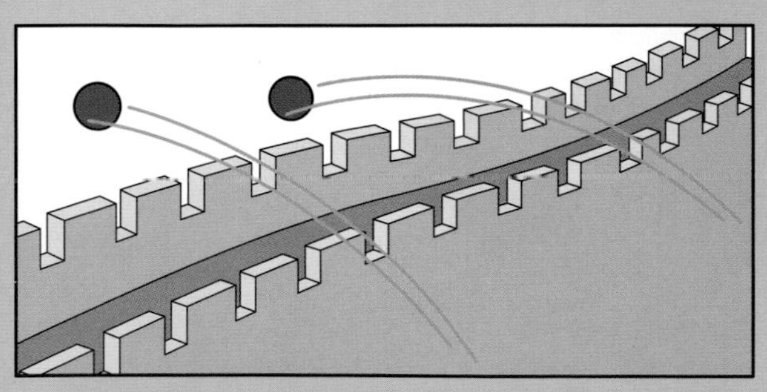

投石器亦能攻擊城牆內的目標。例如蒙古人在 1346 年圍攻克里米亞半島上的卡法城時，就曾用投石器將染有鼠疫的死屍丟進城內。

如果藍色球繼續掉落……

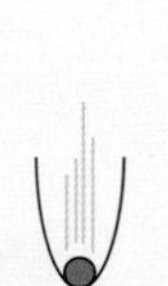
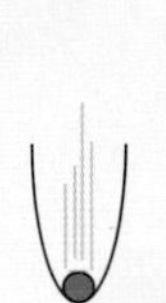
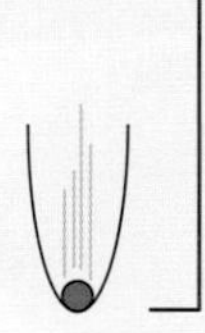
不斷加快
最終停止加快

物件因重力而向地面加速，掉落速度愈來愈快，卻同時受到空氣阻力妨礙，於是逐漸不再加速，最終達至一個穩定的速度。這速度就叫終端速度。

物件的質量愈大，或是受阻面積愈小，其終端速度就會愈高。教材的藍色球非常輕，掉落時達到的終端速度很低，因此撞擊力也很小。

降落傘就是利用極大的受阻面積，使人或物件以每秒 5 至 6 米的速度下降，可安全地着陸。

看我的投石器！投石臂的
動力由外星科技產生，球
丟出去後還有自身動力！
哇！好像很厲害！

鬥快鬥準玩法

利用紙杯、玻璃碗等容器作為投擲目標，任意設置在投石器前方。然後利用投石器儘快把最多的藍色球投進各個目標！

投石器的槓桿原理

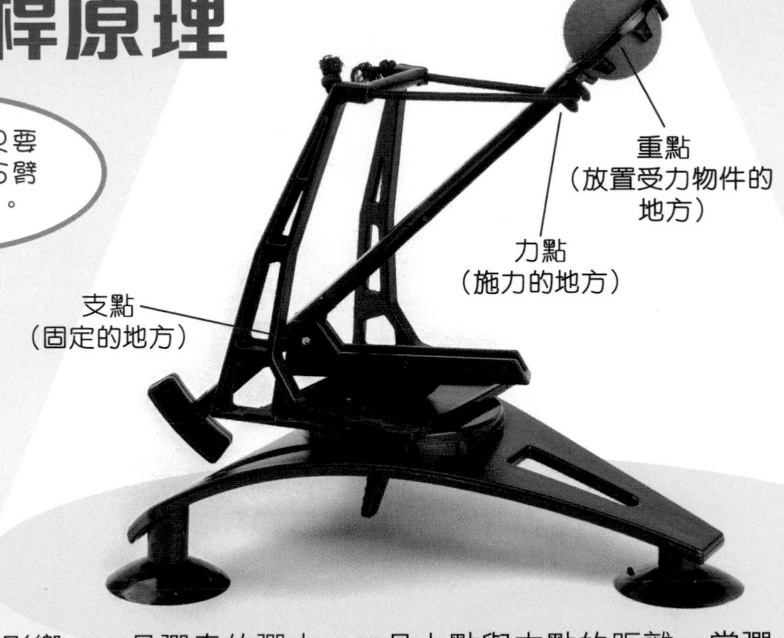

投石器利用槓桿原理，加上彈索的彈力，便可把藍色球彈出去。

槓桿是一種簡單機械，由力點、支點和重點構成，可用來移動重物。按照三點的位置分佈，搬動物件時就能達至省力或省時的效果。

發動投石臂的力量受兩個因素影響，一是彈索的彈力，二是力點與支點的距離。當彈索的彈力愈大，或是力點與支點的距離愈長，投擲的力度也愈大。

生活中的槓桿原理

人體槓桿？

四肢的活動也可視為一種槓桿，例如拿東西時，關節就是支點，負責發力的肌肉就是力點，而拿着重物的手則是重點。

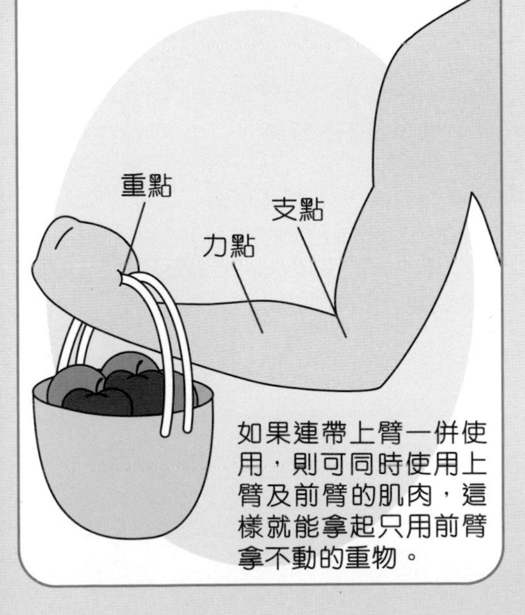

如果連帶上臂一併使用，則可同時使用上臂及前臂的肌肉，這樣就能拿起只用前臂拿不動的重物。

門把為甚麼要安裝在門邊？

一扇門的門把通常不會安裝在門的正中間，而是安裝在門的左側或右側，以盡量增加力點及支點的距離，這樣推門所需的力就會較小，即較省力。

小型工具

剪刀、鉗、鑷等工具都運用了槓桿原理。

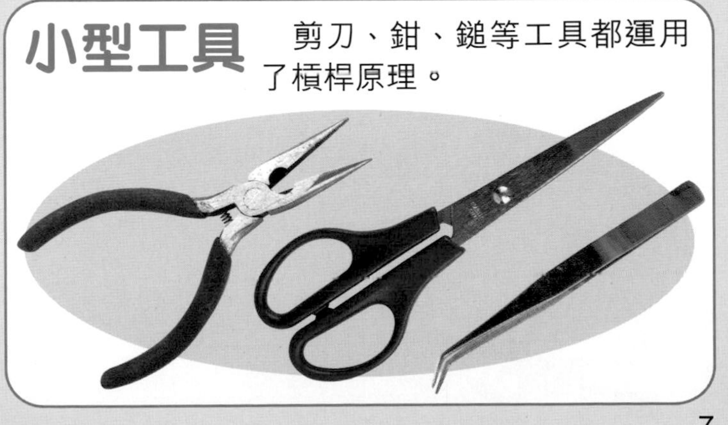

彈索與彈性位能

既然不用改裝，
就立即開始練習吧！

為甚麼可把藍色球彈到不同的距離呢？
這跟彈索的彈性位能有關。

▶彈索其實是一條橡筋，由巨大的長條狀橡膠分子組成，那些分子互相連繫。在正常狀態下，彈索處於放鬆的狀態，其分子非常散亂地分佈。

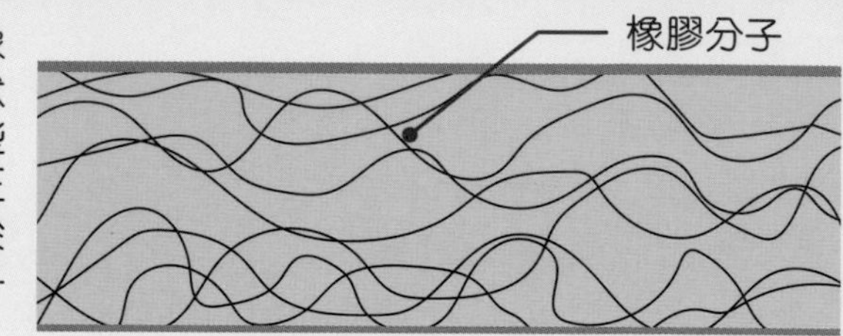
橡膠分子

▶由於分子多呈捲曲的狀態，可被拉直，所以彈索能被拉長而不斷裂。此時，彈索會儲存彈性位能，那是分子「想要回到原來樣子」的能量。

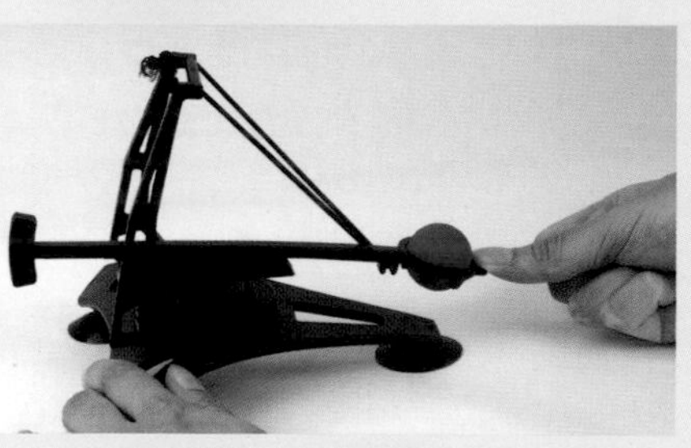

▶若以不同幅度按下投石臂，彈索所儲彈性位能也有不同。按下投石臂的幅度愈大，彈索就被拉得愈長，所儲起的彈性位能也愈多。

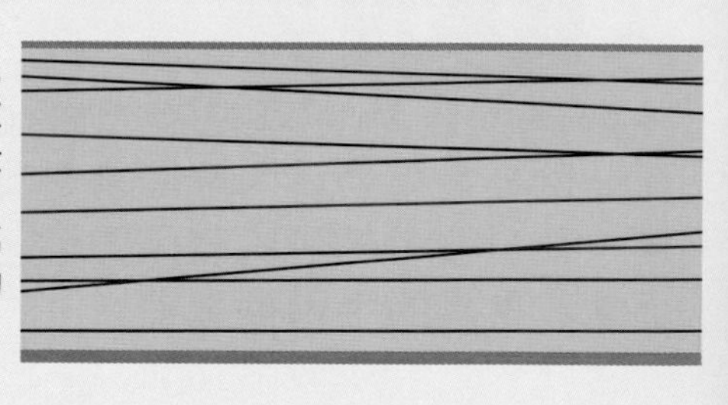

◀拉長彈索的力消失後，分子還原，彈性位能轉化為給予藍色球及投石臂的動能。投石臂往上揮動到最盡時，便會立即停下來，但投石臂上的藍色球卻會繼續向前，因而被拋出去。

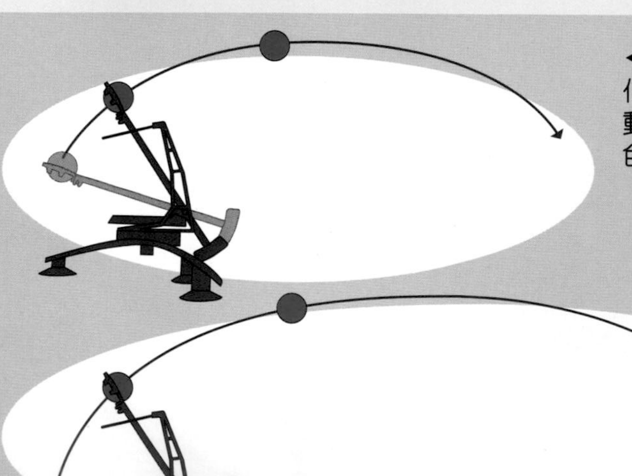

不過控制射程的
技巧不易掌握，
須多加練習。

物料大不同

各種物件由不同物料製成，有些物料具彈性，可暫時拉長，並會在拉力消失後回復原狀；有些雖沒彈性，卻可被拉長而不斷裂；有些則不能被拉長。

有彈性的物料

常見例子是橡膠製品及金屬彈弓，兩者都可在有限幅度內被拉長，然後回復原狀。不過若超出限制，或是經長時間老化，仍會永久變長而不能變回最初的模樣。

▶以橡筋為例，它若長期曬太陽，其化學結構就會逐漸被紫外線破壞而失去彈性，所以須放在陽光照不到的地方保存。

沒彈性但可拉長的物料

這又稱為可塑性高的物料，如鐵、銅等金屬。例如鐵匠利用鎚子等工具對金屬施加外力，將其塑造成某個特定形狀，從而鍛造出不同物品。

不能被拉長的物料

玻璃、鑽石、瓷器等物料都較堅硬，不能因外力被拉長。它們有些十分脆弱，容易碎掉；有些則相反，十分堅固。

比賽結果……

A 星隊：取消資格
你的球全靠引擎飛到目標，這是犯規的啊。
可惡！
愛因獅子隊獲勝！

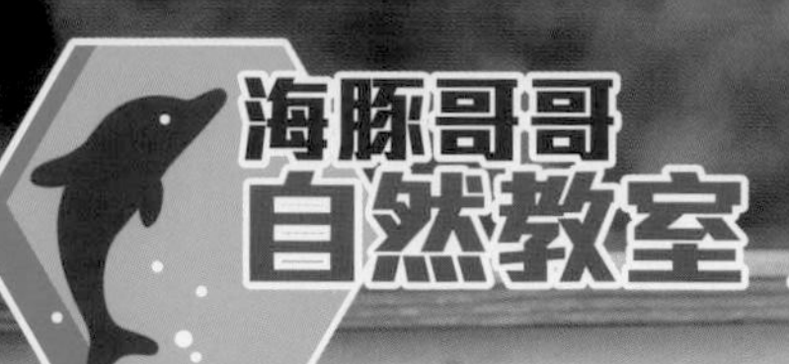

你看起來非常輕鬆自在呢！

咩～在舒適寬敞的環境與同伴一起吃新鮮草糧，真寫意啊！

© 海豚哥哥 Thomas Tue

波爾山羊

波爾山羊 (Boer Goat，學名：*Capra aegagrus hircus*) 屬中等以上的山羊，長有短而平滑的白色外毛。頭部通常呈褐色，配以白色斑紋，頂部長有短小的角，長長的耳朵則垂在面頰兩側。尾巴短小，經常上下搖擺。其身體和四肢強壯，身長可達 1.3 米，體重可達 135 公斤。

牠們主要吃草、樹葉和植物嫩芽為生，喜於溫暖和乾燥的草原棲息，原產地在南非，現已引入至美加、歐洲和亞洲等地飼養，壽命估計可達 10 歲。

▲羊眼睛的瞳孔呈橫向長形，能有效地看到更廣闊的視野環境。

▼波爾山羊屬偶蹄動物，每隻腳上有兩個蹄子，能平均地支撐身體重量。

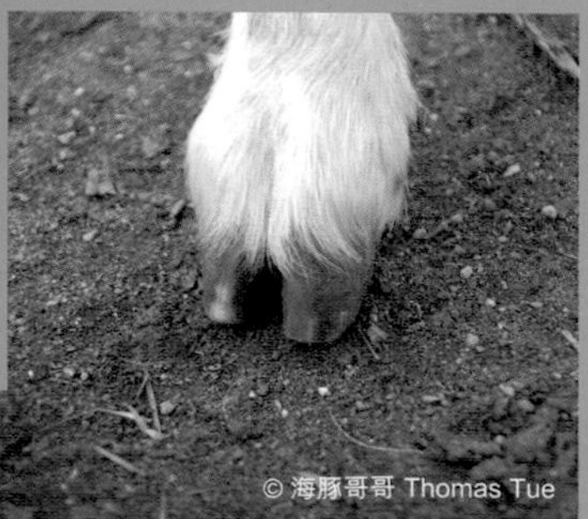

▲波爾山羊不但耐旱和適應力強，而且生長速度快，亦具優良的生育能力，加上性格溫馴友善，是牧場受歡迎的飼養品種。

想觀看波爾山羊的精彩片段，請瀏覽以下網址：youtube.com/@mr-dolphin

海豚哥哥 Thomas Tue

海豚哥哥簡介

自小喜愛大自然，於加拿大成長，曾穿越洛磯山脈深入岩洞和北極探險。從事環保教育超過 20 年，現任環保生態協會總幹事，致力保護中華白海豚，以提高自然保育意識為己任。

居兔夫人在海底勘探時，誤入一個危險的磁力迷宮。由於她背着有磁力的儀器，須繞過也帶有磁力的鯊魚和守衛去拿到鑰匙，才能打開大門逃回地面！

製作時間：約 45 分鐘
製作難度：★★★☆☆

逃出磁力迷宮

製作方法

⚠請在家長陪同下使用刀具及尖銳物品。

材料：紙樣、卡紙、紙盒　　工具：剪刀、白膠漿、大頭釘、萬用膠

1 將紙樣黏在卡紙上再剪出，並將石柱紙樣黏合。

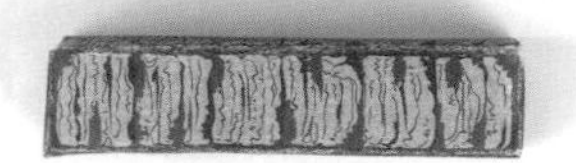

2 用卡紙剪出 4 條 6cm × 1cm 的紙條。

3 如圖將紙條對折 2 次。

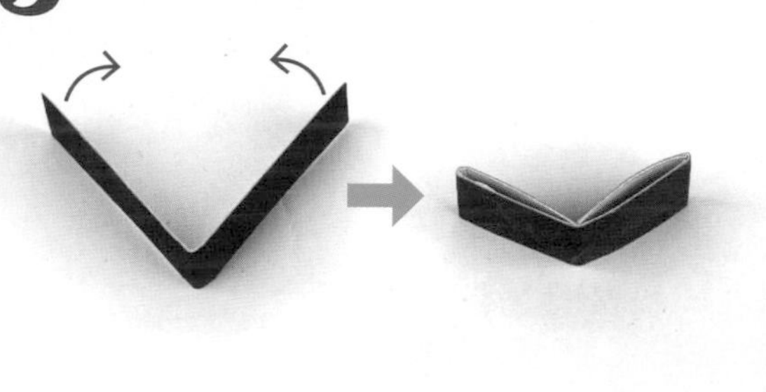

4 如圖將紙條黏至居兔夫人、守衛倫倫、鑰匙及鯊魚紙樣後。

5 準備一個可放下迷宮紙樣的紙盒，如鞋盒、玩具盒等，剪下紙盒底部和前面的紙板。

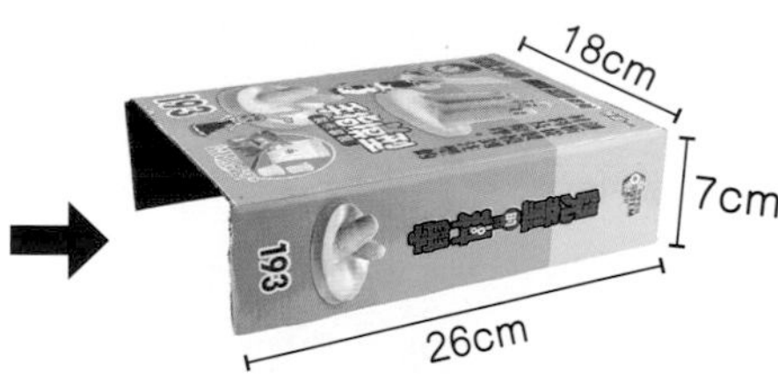

迷宮紙樣的大小：

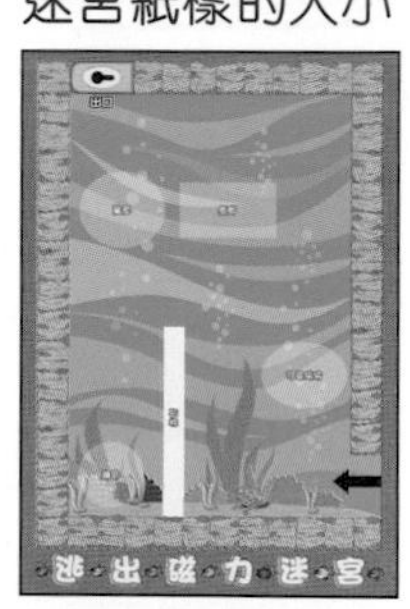

6 如圖用大頭釘將迷宮紙樣釘在紙盒上面，再用萬用膠將石柱和魚群紙樣黏至迷宮指定位置。

https://rightman.net/uploads/public/CSDownload/CS225DIY.pdf

玩法及規則

工具：3 個圓形磁石

1 在居兔夫人、守衛倫倫、鑰匙及鯊魚紙樣的底端夾上萬字夾。

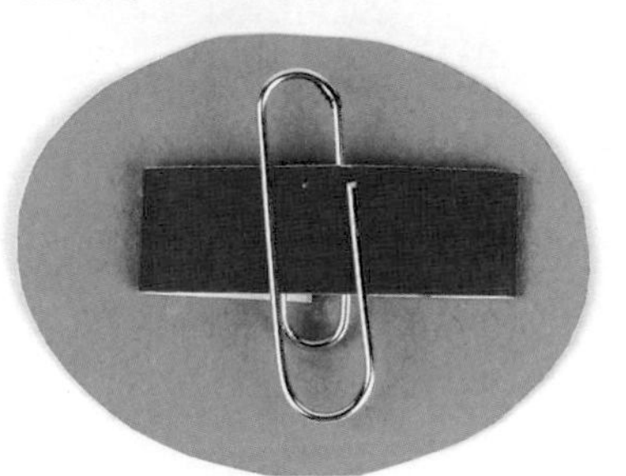

2 用 2 個磁石分別吸住守衛倫倫及鯊魚，並擺放至如圖位置。

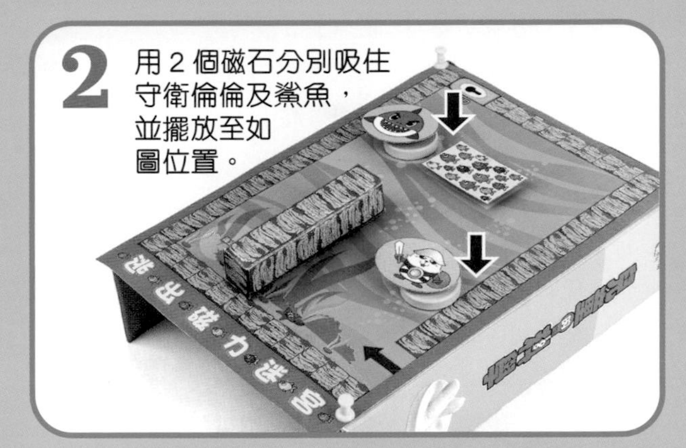

3 如圖將居兔夫人、鑰匙擺放至迷宮指定的位置。

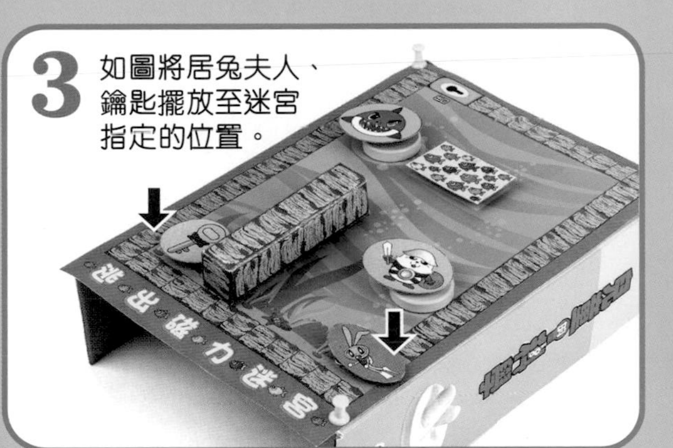

4 用手抓住剩下的一個磁石，放在迷宮起點處的紙盒底部，引領居兔夫人移動。

5 按圖中路線避開守衛倫倫，吸到鑰匙後，再繞過鯊魚和魚群來到大門處，即可通關。

⚠不可接觸迷宮的石壁。

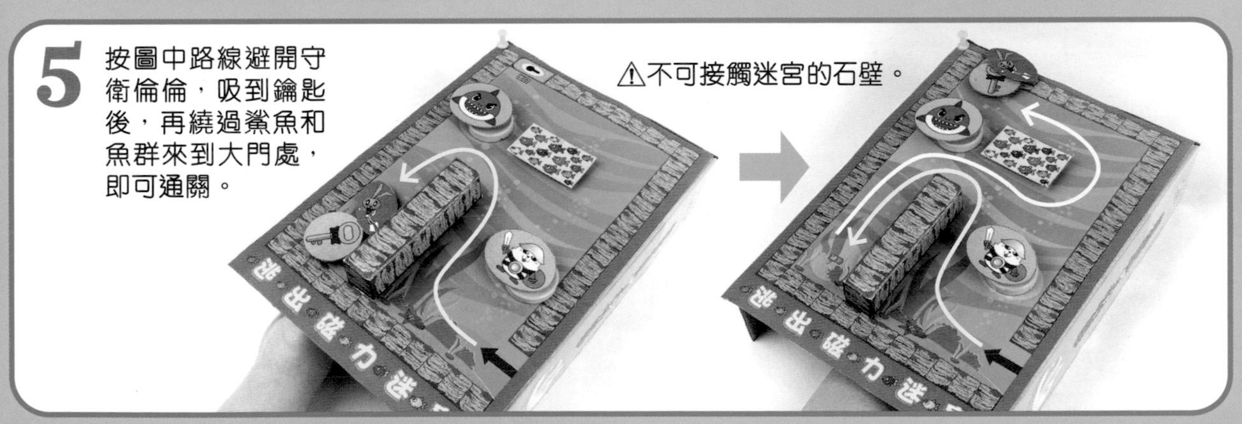

6 若守衛倫倫或鯊魚與居兔夫人吸在一起，則遊戲失敗，須重新闖關。

7 若鑰匙被守衛倫倫或鯊魚吸引，亦算闖關失敗。

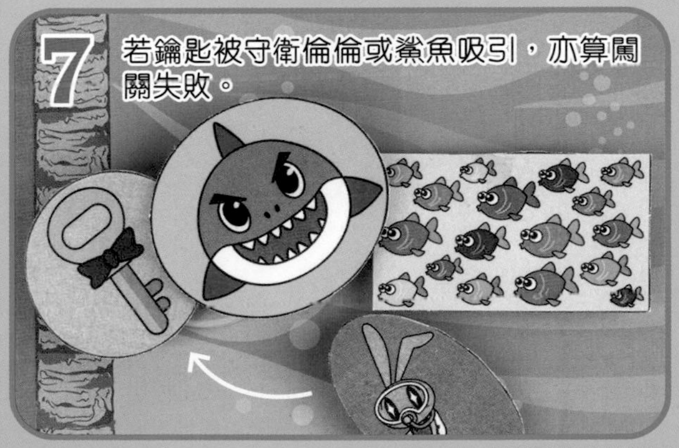

磁力從何而來

磁石由多個小磁石（亦稱「磁疇」）組成，每個磁疇都有南極和北極，且方向相同，整齊地排列在整塊磁石中。相同極性的磁石互相排斥，不同極性的磁石互相吸引，即「同極相斥，異極相吸」，這種互相排斥和吸引的力即是磁力。

正是磁石異極相吸的原理，守衛倫倫和鯊魚才能對居兔夫人發起「進攻」。

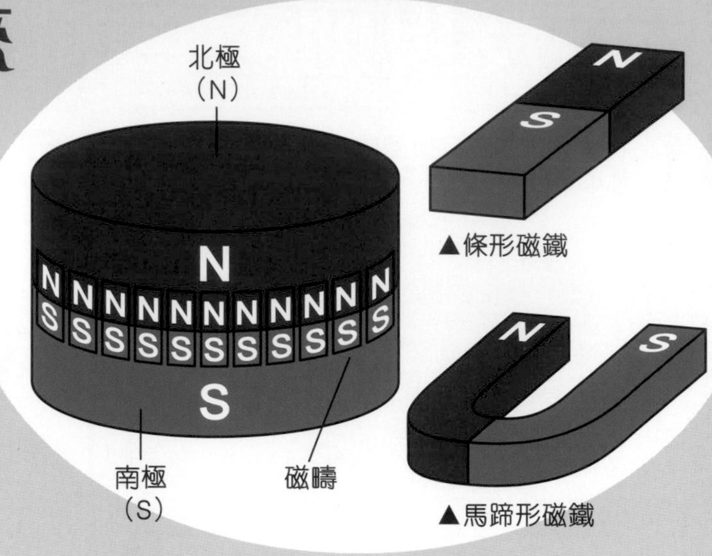

▲條形磁鐵

▲馬蹄形磁鐵

隔空吸物的磁力

磁石能隔着紙盒吸引萬用夾，是因為其在四周形成一個看不見的區域，亦即磁場。在未受其他磁石的磁場干擾下，只要磁體（有磁性的物體）處於磁場範圍內，就會被吸引。

N
S
磁場

就算有木板、玻璃、紙板等不含磁性的物體阻礙，均不會影響磁石對磁體的吸引。

磁體為甚麼有磁性？

萬字夾包含有磁性的鐵，屬於磁體。鐵則是因被磁化而變得有磁性的。未被磁化前，鐵內部的磁疇散亂地排列，一旦被磁石磁化後就變得整齊排列，令南北極方向一致，於是與磁石互相吸引。除鐵以外，鈷、鎳也可被磁化。

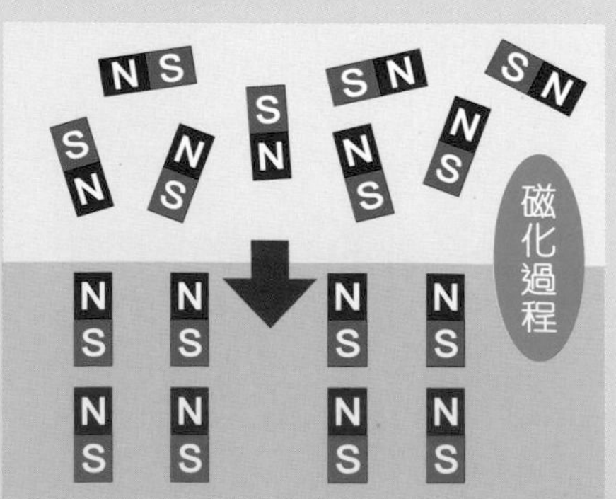

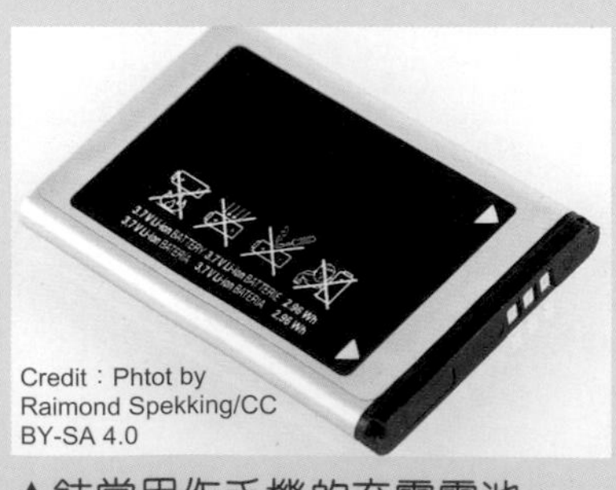

Credit：Phtot by
Raimond Spekking/CC
BY-SA 4.0

▲鈷常用作手機的充電電池。

▲鎳常作為硬幣的原材料。

黏合處

沿實線剪下

沿虛線向外摺

沿虛線向內摺

紙樣

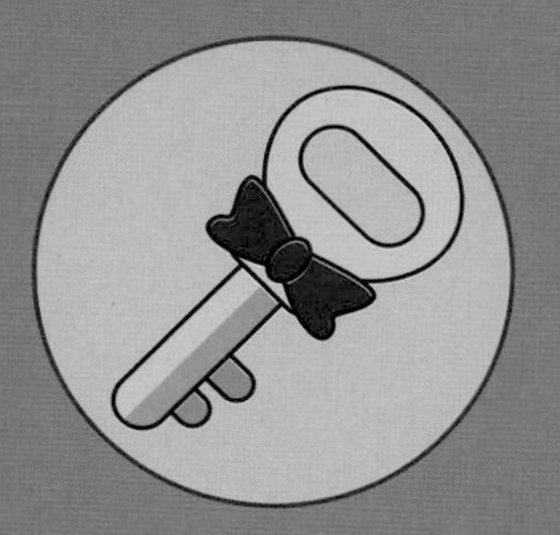

鑰匙

守衛倫倫

石柱

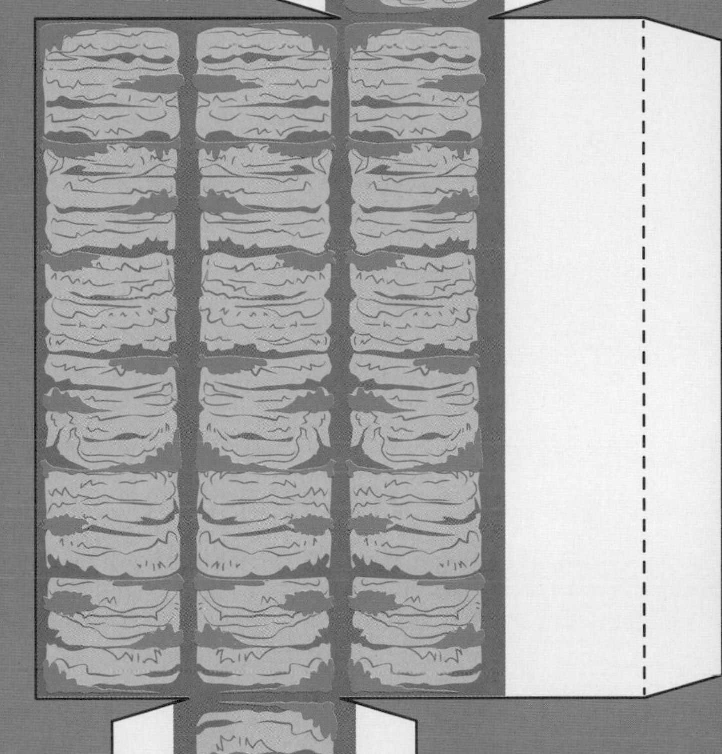

居兔夫人

鯊魚

魚群

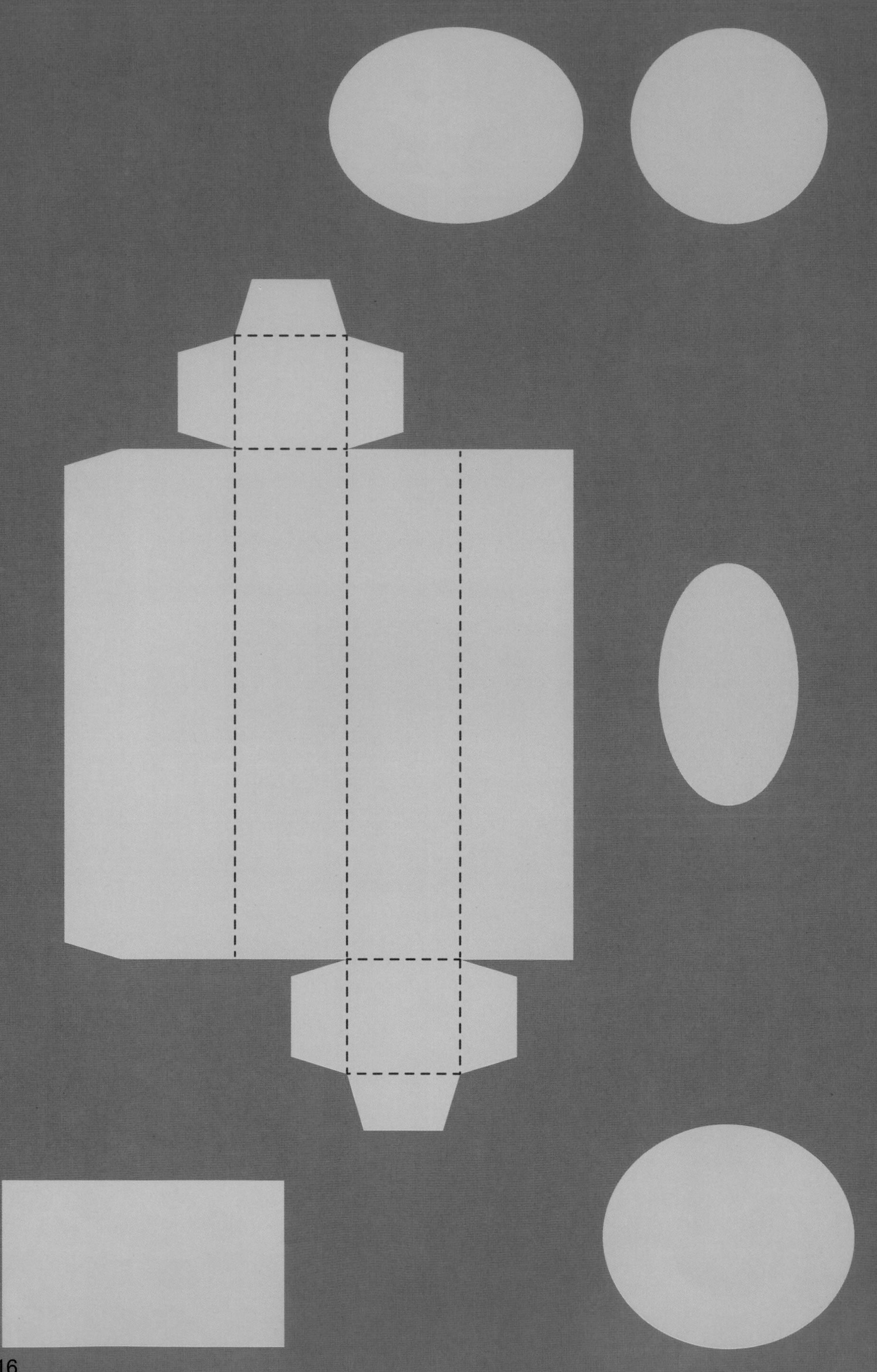

科學實驗室

數學

某天，交通警居兔夫人接報到場處理一宗交通意外。事緣熊貓倫倫駕駛汽車時，在一個路口差點撞倒正騎單車的萊萊鳥。當時幸好汽車及時煞停，萊萊鳥只是右腳稍微擦傷。

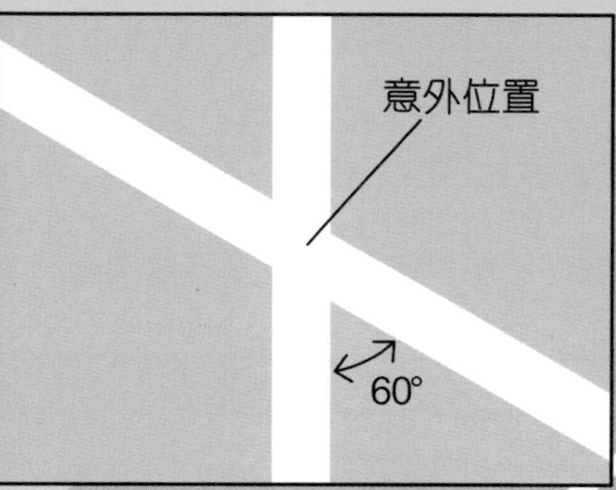

魔術般的單車意外

為甚麼你一直維持車速不變而不減速？你看不到前面有人嗎？
我已確認路口附近根本沒有人啊！怎料到她突然從右方冒出來！

萊萊鳥突然出現？不可能吧。

隔天在警局內……
那個司機確有可能看不到呢。
哪可能啊？
神探蝸利略

躲藏的單車

⚠請在家長陪同下使用刀具及尖銳物品。

材料：硬卡紙、雙面膠紙

工具：剪刀、㓟刀、鉛筆、顏色筆、直尺、棉繩、萬用貼

1 先用鉛筆在 A4 硬卡紙上，如圖繪畫直線，再用顏色筆把部分的線標示為摺線（藍線）及切割線（紅線）。

下列所有尺寸單位都是「厘米」。

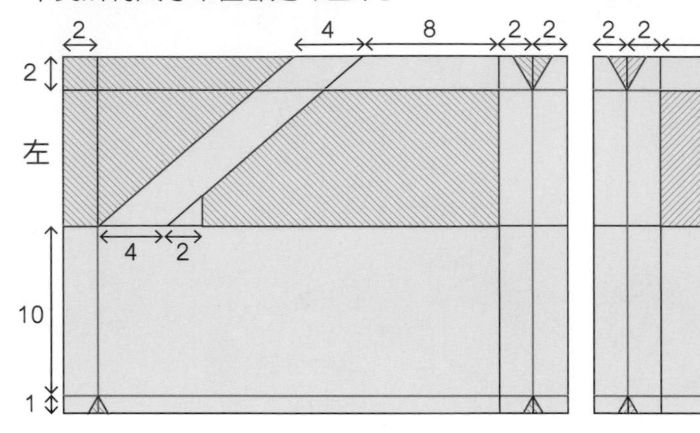

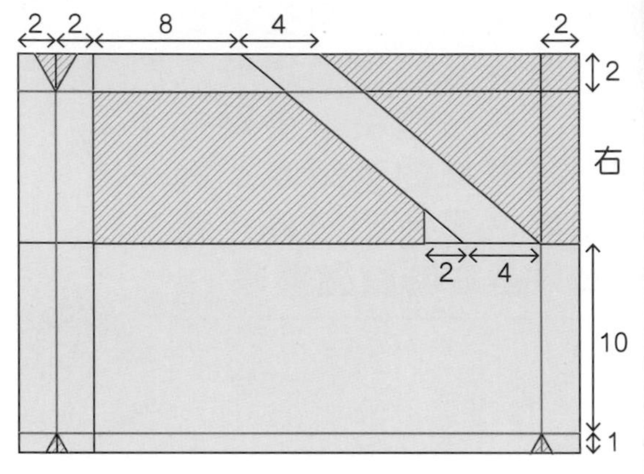

2 沿紅線把紅色斜間部分㓟走。

3 用㓟刀刀背沿藍線輕刮出摺痕，但注意不要㓟斷！

4 剪出 2 張長方形硬卡紙，作為車頂及車頭。

所有尺寸單位都是「厘米」。

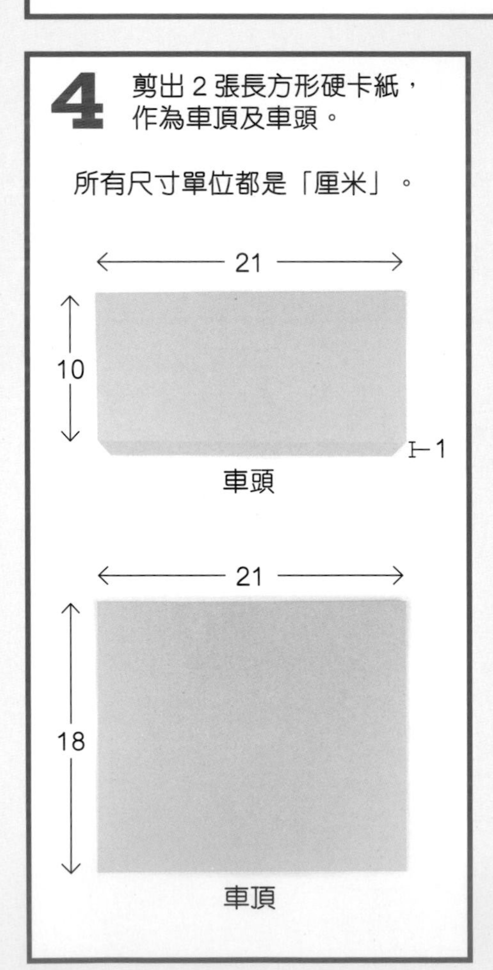

5 用一張 A4 硬卡紙作為車底，先在其左右兩邊貼上左右車身，然後再黏貼車頭，最後加上車頂。

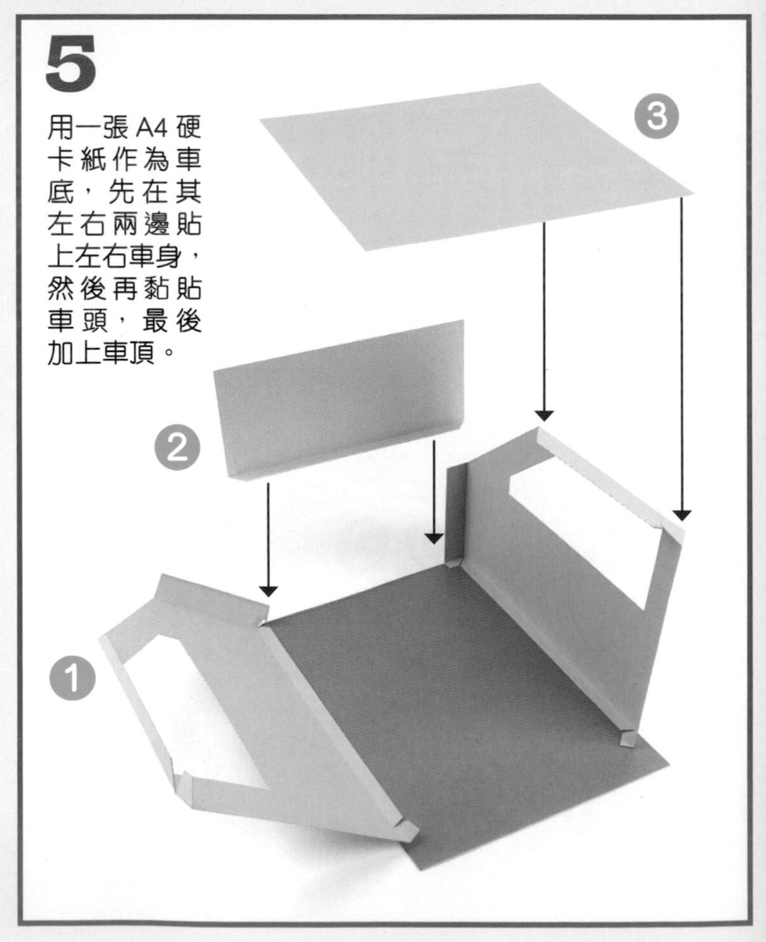

6 製作以下紙樣，以造出手機座。

9cm

1cm

7cm

3cm

7cm

7 將手機座貼在車頭模型內，並放上手機。

好！開始重組案情！

10 在另一條棉繩旁放置一塊硬卡紙，代表正在騎單車的萊萊鳥。

10cm

放置萬用貼來增加重量。

6cm

2cm

8 在一個大平面上，用兩條拉直的棉繩代表兩條直路。

兩繩相交角度為 60 度。

看得到硬卡紙啊。

你試試移動硬卡紙的位置，就看不到了。

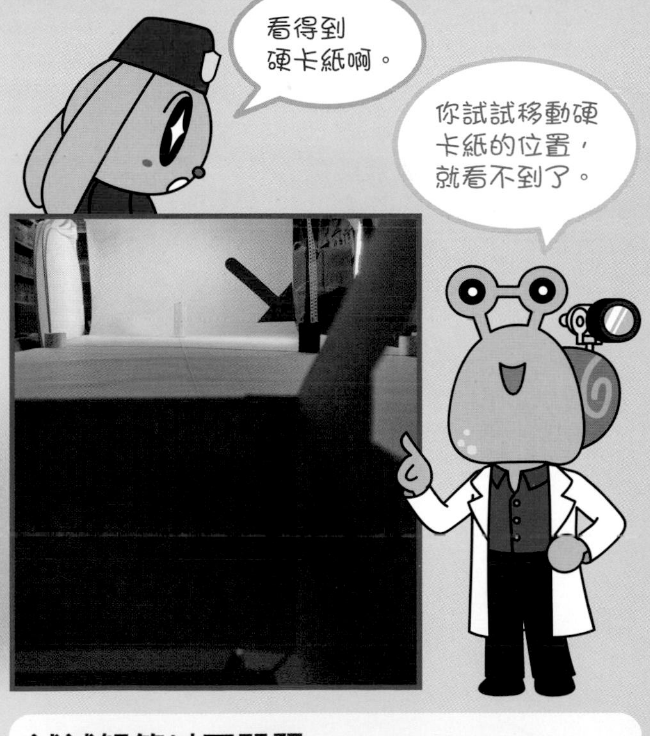

9 在棉繩旁邊放置車頭模型，再啟動相機鏡頭，以模擬司機的視角。

試試解答以下問題：

怎樣擺放車頭模型、手機鏡頭及硬卡紙，會令鏡頭映照不到硬卡紙？

揭到後頁看答案！

答案

手機鏡頭不要放在太前方，並把硬卡紙移到這條柱後，就照不到了！

由於右側A柱阻擋了視線，加上路口的設計，導致倫倫一直看不到萊萊鳥。
原來如此！

汽車解構

現代的房車車廂通常有3組柱，分別是位於車頭的A柱、車門中間的B柱及車尾的C柱。它們除了可支撐擋風玻璃、車身玻璃及車頂，也有保護乘客的作用。

不過，A柱剛好擋住司機的部分視線，其造成的死角會遮蔽遠處的物件，例如行人、單車，甚至是小型汽車。

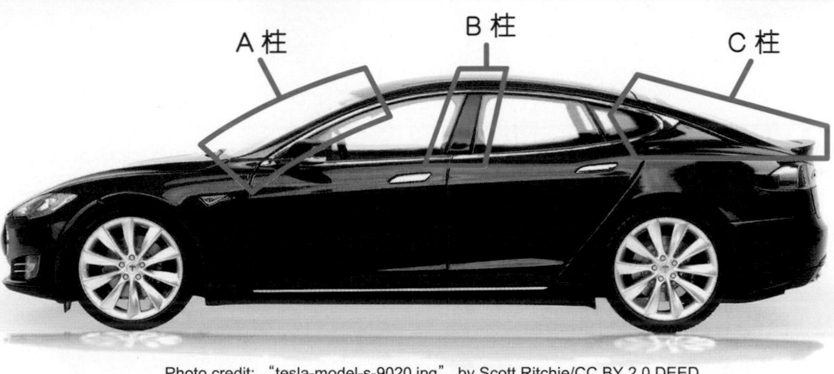

Photo credit: "tesla-model-s-9020.jpg" by Scott Ritchie/CC BY 2.0 DEED
https://www.flickr.com/photos/machinegrfx/28169859254

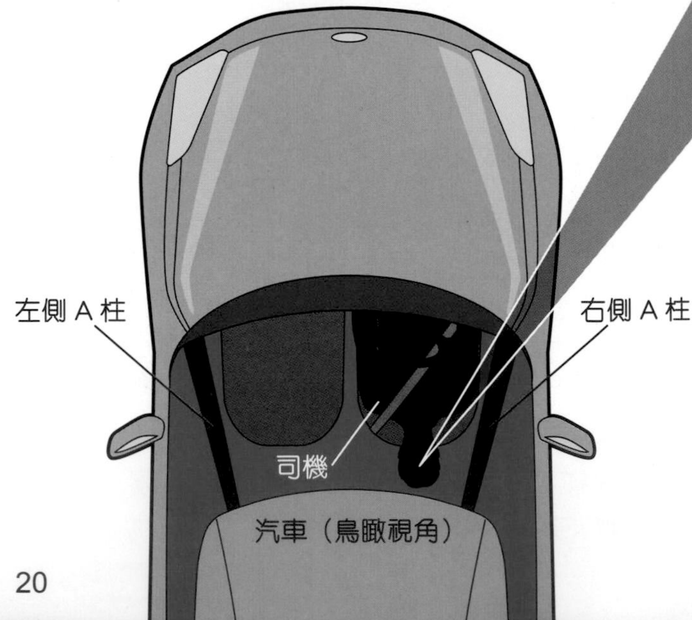

不在右側A柱死角，司機看得到。
整個位處右側A柱死角，所以司機看不到。
死角的大小及角度，視乎A柱的大小及司機的位置而定。
左側A柱
右側A柱
司機
汽車（鳥瞰視角）

汽車柱怎樣保護乘客？

汽車的柱通常以堅硬的鋼材製造，就算被撞也很難變形，這樣便可防止車廂受到撞擊或翻車時塌陷，減低車內的人受到的傷害。

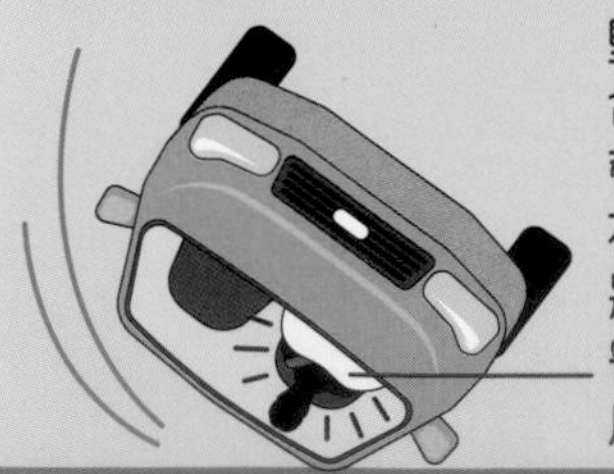

堅固的車柱配合氣袋、安全帶等設備，能在意外發生時將乘客受的傷害降至最低，所以不能省去。

這實驗只模擬了兩車
靜止時的狀況，實際上
兩車都在移動啊。

會移動的死角

當車頭模型每推前 5cm，硬卡紙每推前約 2cm，這樣硬卡紙對車頭模型而言，便總是在相同角度。如果這角度剛好被A柱遮蔽，就會一直看不到其後的景物。

那我們按比例移動
車頭模型及硬卡紙，
來模擬兩車均以不
變的速度行駛，再
看看手機鏡頭。

單車

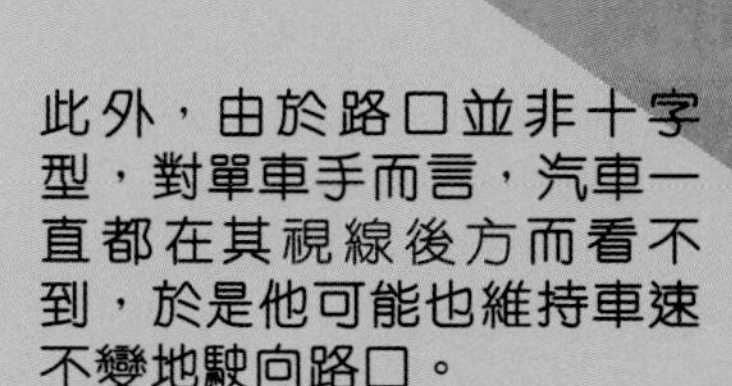

此外，由於路口並非十字
型，對單車手而言，汽車一
直都在其視線後方而看不
到，於是他可能也維持車速
不變地駛向路口。

汽車

單車一直位處汽車右側A柱的死角，直至快到路口時才顯露出來，只是此時司機極可能因反應不及而撞到單車。

另外，從實驗中也可發現單車好像「固定」在汽車某個方位。

當兩輛車或兩艘船彼此的角度保持不變，而兩者的距離卻不斷縮短，那麼兩者最終必會相撞。這就是「航線碰撞現象」。

怎樣解決 A 柱死角問題？

既然上述現象只在兩者速度不變才會發生，那麼只要令司機減速，就能避免景物長期隱藏在死角中。設置路牌或交通燈、更改道路設計等方法，都能達到此效果。

▼例如將一個路口錯開成兩個，司機就須為準備轉彎而減速，避免發生航線碰撞現象。

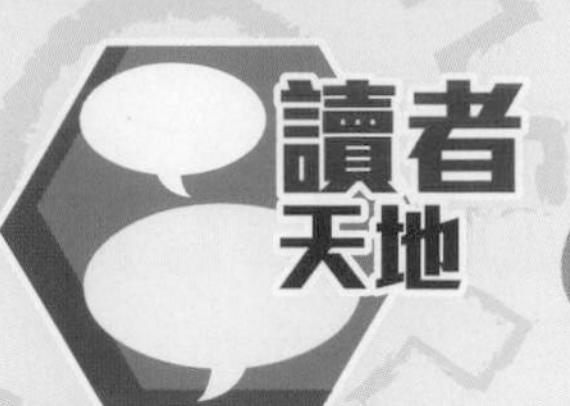

不知道大家從泥塊中挖出了甚麼樣的恐龍呢？

冼姿廷

今次的發掘化石學恐龍知識很好玩，不過被我弄到滿地都有 ><

希望刊登

看來這是每個考古學家都會面對的問題呢……哈哈。

簡文樂

$\sqrt{4}=2$，$\sqrt{2}=$ 1.41421356……之後的我就不知道了。還有，☆=（請回答）

8+☐=9　△+△=16　△+○=12　○+○=8　☐+△+○=♡　☐+△×○=☺　♡+☺=☆

看來你跟我一樣很喜歡數學呢！而你給的方程式問題，答案應該是 46？

呂伊辰

畫功是 10 分滿分，可是我看到這對搗蛋鬼就頭痛，所以還是不告訴他們了。

周朗駿

為甚麼後期小Q要用麵包蟲？

用生物處理塑膠便可避免釋出毒素嘛。不過那是未成熟的技術，未必能解決塑膠問題。

鄭凱彤

你們覺得Q版福爾摩斯和華生可愛嗎？

超肥！

當然覺得他們可愛！不過倒不認為他們很肥……應該不算肥吧？

李鈺婷

塑膠真的可以製成衣服嗎？自+👕？

（請小Q回答）

希望刊登

塑膠不一定是一大塊的，也可製成線狀，甚至用來造衣服！尼龍、聚酯等用於造衣服的合成纖維就屬於塑膠。

大偵探
福爾摩斯
SHERLOCK HOLMES
科學鬥智短篇59
吸血鬼之謎III (3)
厲河=小説 陳秉坤、鄭江輝=繪
陳沃龍、徐國聲=着色

福爾摩斯 精於觀察分析，曾習拳術，是倫敦最著名的私家偵探。

華生 曾是軍醫，樂於助人，是福爾摩斯查案的最佳拍檔。

上回提要：

郵差柯布、馬車夫帕斯和園丁戴西等3個常客，在龍湖客棧的酒吧中與老闆維萊講起一宗命案。原來，在5年前的同一個晚上，居於湖畔的哈瑞德伯爵遇劫身亡。管家狄克與園丁拉奇在當晚失蹤，被疑為合謀犯案。但在一個月前，拉奇之子小拉奇卻釣起一具白骨，白骨的無名指上更戴着拉奇的戒指！由此推斷，當年是狄克單獨犯案，伯爵與拉奇皆死於他手下。酒吧中，福爾摩斯冷眼旁觀。這時，小拉奇跑進來說見到吸血鬼。由於他天生有智力障礙，眾人不以為意，但鎖匠高登也闖進來，聲稱在拉奇太太家修理門鎖時，曾目擊吸血鬼向她施襲。原來，福爾摩斯受保險公司所託，暗中來調查命案的真相，他綜合各種傳聞後，發現全都與拉奇太太向保險公司提出索償有關。翌日，他與華生等人來到龍湖村調查，從兩個巡警口中得悉，昨晚有一巡警哥利被神秘男人咬傷。眾人正在猜測襲警者的身份時，福爾摩斯卻認為是襲擊拉奇太太的吸血鬼幹的……

「啊……」聞言，孖寶幹探和兩個巡警都被嚇得退後了兩步。

「長官！」胖巡警走到李大猩跟前，「**嗖**」的一下立正後大聲道，「拉奇太太家就在左邊分岔路的不遠處，你們再走10多分鐘就到！」

「對！很容易找的！」瘦巡警也大聲道，「她正在院子裏**曬魚乾**，走近後聞到魚腥味的話，就是那裏了！」

「我們有其他事要辦，告辭了！」胖巡警説罷，就急急忙忙地快步離開。瘦巡警見狀，也慌忙跟着跑走了。

「嘿，真是膽小如鼠，一聽到吸血鬼就馬上逃。」福爾摩斯看了看遠去的兩個巡警，然後舉手一揚，「走！去找拉奇太太吧。」

李大猩和狐格森已被嚇得冷汗直流，

但又不好意思**臨陣退縮**，只好硬着頭皮跟在後面。

眾人走到分岔路口，正想往左邊走去時，右邊卻有一個少年扛着一根釣魚竿，提着一條大魚**興高采烈**地往這邊奔過來。

「咦？小拉奇，今天收穫不錯呢！」福爾摩斯一眼就認出了少年。

小拉奇沒理會，他拐到左邊的分岔路，低着頭**嘀嘀咕咕**：「不要與陌生人搭訕，走、走、走，別搭理他。」

「我知道了，他的魚不是釣的，是買回來的！」福爾摩斯故意大聲地向李大猩等人說。

「**甚麼？**」小拉奇立即止住了腳步，生氣地回過頭來喊道，「大叔，別胡說！這是釣的！不是買的！」

「我才不信，肯定是買的。」福爾摩斯以嘲笑的口吻說。

「**胡說！是釣的！**」小拉奇急了，他把釣魚竿扔到地上，扳開魚唇說，「不信的話，你看啊！嘴內還有傷口，是魚鈎留下的！」

福爾摩斯湊過頭去看了看，然後故作驚訝地說：「果然是釣的呢！好厲害啊！在哪兒釣到的？」

「龍湖。」說完，小拉奇撿起魚竿轉身就走，「**走、走、走**，媽媽叫我不要與陌生人說話的。」

「這小子好戇直啊。」李大猩感到好笑。

「**噓！**」福爾摩斯向李大猩打了個眼色，突然又向小拉奇喊道，「別騙人啊！龍湖不是有**吸血鬼**嗎？怎會有人夠膽去那裏釣魚？」

「我夠膽！我不怕吸血鬼！」小拉奇回過頭來，衝着福爾摩斯叫道。

「啊？好勇敢呢！難道你見過吸血鬼？」

「當然見過！」小拉奇嘀嘀咕咕地邊走邊說，「吸血鬼躲在叢林中，我大喝一聲，就把他嚇跑了。哼！我才不怕吸血鬼！不怕！」

華生暗想：「福爾摩斯好厲害，**三言兩語**就把說話套出來了。」

小拉奇嘀嘀咕咕地走着，不一刻，已走近一所房屋的院子。

華生看到，院子裏有一個中年女人正在幹活，把一塊塊黃色的東西逐一反轉，像是在晾曬着甚麼，看來就是巡警所説的「魚乾」吧。

「媽媽！魚！我釣了條大魚！」小拉奇興高采烈地奔過去喊道。

不用説，那個女人就是拉奇太太。

聽到兒子的叫聲後，拉奇太太抬起頭來正想回應時，卻赫然發現福爾摩斯等人走近，她的臉上霎時掠過了一下不安。

「**媽媽！我釣了條大魚！**」小拉奇把魚舉到母親面前叫道。

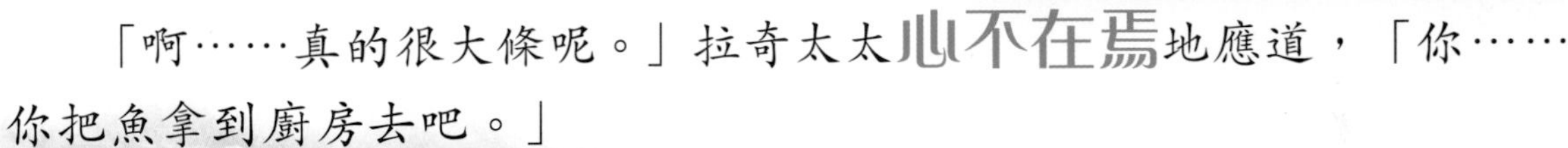

「啊……真的很大條呢。」拉奇太太心不在焉地應道，「你……你把魚拿到廚房去吧。」

「知道！」小拉奇説着，就一股勁兒往屋內奔去。

「你是拉奇太太吧？」福爾摩斯趨前問。

「是的，請問有何貴幹？」拉奇太太充滿戒心地問。

「**吸血鬼！**我們是蘇格蘭場的警探，來查吸血鬼的！」李大猩單刀直入。

「吸血鬼？」拉奇太太一怔，但馬上強裝冷靜地答道，「我剛才已告訴兩位巡警先生了，那人是個小偷，不是甚麼吸血鬼。」

「可是，鑰匙匠高登説看到那人的唇邊沾着血啊！不是嗎？」

「沾着血？我沒……沒看到啊……」

「真的沒看到？作假證供可要坐牢的啊。」

「沒有！我真的沒有看到！」拉奇太太被這麼一問，語氣反而堅定了。

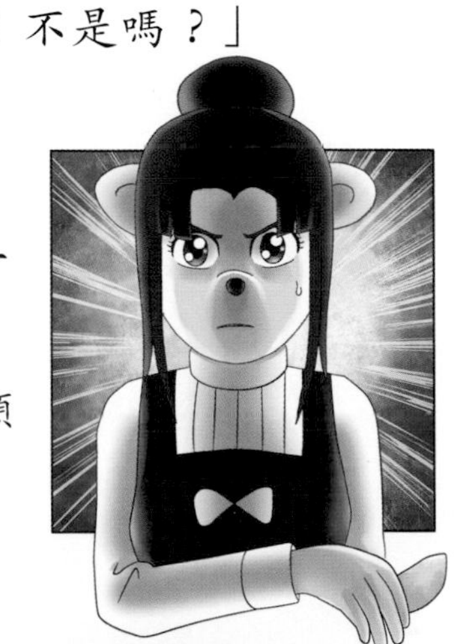

福爾摩斯想了想，問：「你家以前曾有小偷光顧嗎？」

「沒有。」拉奇太太答得斬釘截鐵。

「昨晚是第一次？」

「附近常有小偷出沒嗎？」

「沒聽說過。」

「那麼，昨晚那個小偷從哪兒來的呢？」

「不知道。」

「你有想過嗎？」

「譬如說，他是甚麼人？為何選中你家？」

「那該由警方來查，我怎會想那麼多。」

「這倒也是。抱歉，我問多了。」福爾摩斯拉了一下帽簷，輕輕地低頭致歉。

「沒關係。」

拉奇太太以為問完了，不禁鬆了口氣。然而，就在同一瞬間，福爾摩斯卻**出其不意**地再問：「**熟人！**你沒想過，那個小偷是熟人嗎？」

拉奇太太一怔，嚇得連手上的「**魚乾**」也掉到地上。

華生看在眼裏，他知道這是老搭檔耍弄的小手段，出其不意地一刺，往往就可刺破被問者築起的防線，讓對方**露出馬腳**了。然而，他卻不明白老搭檔為何有此一問。

「難道……他已猜到那個小偷是誰？」華生暗想。

「怎樣？那小偷是熟人吧？」福爾摩斯**乘勝追擊**。

「我……我不知道你……你說甚麼。」拉奇太太有點**心慌意亂**，只懂得**期期艾艾**地應道，「熟人……熟人又怎會來偷東西？」

「嘿嘿嘿，那倒不一定啊。」福爾摩斯冷冷地一笑，「根據我們的經驗，百分之五十的盜竊案都是熟人幹的啦。」

「我……」拉奇太太不知道如何回應，只好說，「總之，我不認識那人，他不是熟人。」

「是嗎？打擾了。」福爾摩斯說完，就俯身撿起那塊掉在地上的「**魚乾**」看了看又嗅了嗅，然後還給拉奇太太。

「這不像魚乾呢？是甚麼東西？」福爾摩斯好奇地問。

「是**魚鰾**。」

「啊，原來是魚鰾。我記起來了，是中國人愛用的**食材**，聽說用來煮湯最好。」

「是的。我曬好後，會賣給倫敦唐人街的食材店。」

就在這時，小拉奇從屋內走了出來，他的臂上還站着一隻**黑色的鸚鵡**。不用說，那就是鑰匙匠高登所說的谷普。

谷普看到幾個陌生人時顯得有點躁動，牠拍了拍翅膀後突然大叫：「**呱呱呱！吸血鬼！吸血鬼！**」

李大猩被嚇了一跳，但發現是谷普在叫後，就破口罵道：「臭鸚鵡！別亂叫好嗎？給你嚇死了！」

「牠不臭！牠是谷普！」小拉奇大聲抗議，「牠沒亂叫！牠見過吸血鬼！」

「小拉奇！」拉奇太太連忙喝止，「不要亂說話，哪有甚麼吸血鬼。」

「有呀！媽媽，你不是說在**湖邊的陌生人**是吸血鬼嗎？我也親眼見過呀，就在叢林那邊！谷普也見過！」

「小拉奇！小孩子不能說謊，世上並沒有甚麼吸血鬼！我怎會說甚麼吸血鬼！」拉奇太太有點**不知所措**地責備。

「總之我見過！我還見過**死人**呢！」小拉奇生氣了。

「死人？」眾人**面面相覷**。

「是死人！我見過死人！」

「警探先生，別聽他**胡言亂語**。」拉奇太太連忙解釋，「他的腦筋有點不靈光，常會說些莫名其妙的話。」

「不！我見過！就在湖邊，今早看到的！不信的話，我帶你去看！」小拉奇衝着母親叫道。

「**閉嘴！**」拉奇太太急了，「回到屋裏去！今天不准再外出！」

小拉奇看到母親動怒了，立即低下頭來走回屋內。不過，華生聽到他嘴裏仍**嘀嘀咕咕**地說見到死人。

「各位警探先生，沒其他事的話，請回吧。」拉奇太太有點激動地**下逐客令**。

「是的，我們該走了。」說罷，福爾摩斯遞了個眼色，就與華生三人一同轉身離去。

待走遠了，李大猩**急不及待**地問：「這樣就走？我們甚麼也沒查到啊！」

「去湖邊，看看是否真的有人死了。」福爾摩斯說。

「甚麼？你相信那小子的說話？」李大猩訝異。

「相信與否並不重要，重要的是必須親眼看一下。」

「有道理。」華生說，「我們應該去看看。」

「況且，小拉奇說湖畔有**吸血鬼**出沒，怎能不去看看呢？」福爾摩斯狡黠地一笑。

「甚麼？」聞言，李大猩和狐格森臉色煞白，馬上放慢了腳步。

「怎麼了？脖子上掛着**蒜頭**也怕嗎？」福爾摩斯掏出那瓶「**鬼見愁**」晃了晃，「要不要再喝幾口加強驅鬼能力？本來想送給拉奇太太，測試一下她是否真的相信有吸血鬼的。現在她既然不信了，我拿着也沒用。」

「別開玩笑！」李大猩一口拒絕，「我才不會**中計**呢！」

「對！想**嗆**死我們嗎？」狐格森罵道。

四人説着説着，又回到了村口。無巧不成話，他們又看見那兩個巡警從遠處**慌慌張張**地向這邊奔來。

「不得了！不得了！」瘦巡警氣喘吁吁地跑到，「**長官！命案！發生了命案！**」

「甚麼？」

眾人愕然。

「受害人叫**帕斯**，是個馬車夫，他被長矛刺中背部斃命！」緊隨而至的胖巡警緊張地補充道。

「**帕斯？**」福爾摩斯愣了一下，連忙問道，「兇案在哪裏發生？」

「湖邊！就在湖邊！」

「啊！」李大猩**難以置信**地說，「原來……那小子説的是真的。」

「那小子？甚麼意思？」胖巡警問。

「這個容後再談，馬上去案發現場看看吧！」福爾摩斯說。

「不用先到局裏看**屍體**嗎？」胖巡警問。

「甚麼？你們已把屍體運回警察局了？」福爾摩斯訝異。

「是同僚們運的。」瘦巡警解釋，「他們接到一個農夫報案時，我們還在拉奇太太家啊。」

「原來如此，明白了，馬上到你們警察局去吧！」

「好的！」胖巡警說，「不遠，走20分鐘就到。」

到了警察局的停屍間一看，福爾摩斯立即就認出來了，死者果然就是他昨晚在酒吧見過的那個**馬車夫帕斯**。

華生是醫生，他率先進行驗屍，發現帕斯背部有一個由**尖鋭的利器**造成的傷口。傷口很深，看來直達心臟。

驗完屍後，胖警察領着眾人走到靠牆的一張長桌旁，指着桌上的一根**矛杆**說：「同僚們發現他時，這根長矛還插在他的背上。」

華生看到，矛杆的其中一端被削出一個長形的**凹槽**。此外，桌上還放着一把**匕首**和一根又長又幼的**麻繩**。

「唔？矛杆前端的凹槽看來與匕首木柄的長度差不多。」福爾摩斯問，「**難道……長矛的矛頭就是這把匕首？**」

「是的。」胖巡警點點頭，「本來，矛頭是用麻繩固定在矛杆上的，但長矛被拔出來時，矛頭鬆脫了。我們仔細一看，才發覺原來是一把匕首。」

「原來如此。」福爾摩斯用放大鏡檢視了一下矛杆，「表面很粗糙，連樹皮也沒刮乾淨，看來是根臨時趕製的長矛呢。不，嚴格來說，這只是**一根樹枝**。」

接着，他又仔細地檢視起那把匕首來。他似乎對匕首的**木製刀柄**很感興趣，重重複複地看了好一會。

「刀柄上傷痕累累，好像還是最近才刮花的。此外，上面還黏着一些**樹膠**似的東西呢。」說完，他更把鼻子湊到刀柄上聞了又聞。

「怎麼了？刀柄上有甚麼特別的氣味嗎？」華生問。

「唔……怎麼說呢？」福爾摩斯皺起眉頭想了想，「好像是一種**腥臭味**，有點似曾相識。」

「哎呀，匕首上沾了血呀，當然腥臭了。」李大猩說。

「不，這不是血腥的氣味。」

「是嗎？待我聞聞。」狐格森也湊前聞了聞，「確實不像血腥，反而有點像**魚的腥味**。」

「魚的腥味？我知道！這是宰魚用的刀！」李大猩自以為是地搶道。

「宰魚刀又怎會有**護手**？這只是一把**防身匕首**罷了。」福爾摩斯說。

「那麼，兇手一定用它來宰過魚！」李大猩說。

福爾摩斯**不置可否**，他再用放大鏡檢視矛杆上的**凹槽**，然後又嗅了嗅：「槽內也黏着一些**樹膠**，好像也有一股魚的腥臭味呢。」

聞言，狐格森也彎下腰來聞了聞，說：「對，確實是**魚腥味**。」

「這就有點奇怪了。」福爾摩斯說，「就算匕首用來宰過魚，魚腥味也不至於傳到凹槽上吧？」

「那麼，你說！」李大猩不服氣地問，「這股魚腥味又從何而來？」

「對，從何而來呢？」福爾摩斯想了想，就掏出小刀，在凹槽上刮了一下，把黏在槽內的**樹膠**刮了一點下來，然後放到鼻尖前聞了聞。

「唔？也有魚腥——」說到這裏，他突然打住。

「怎麼了？」華生察覺老搭檔神情有異，連忙問。

「我明白了！」福爾摩斯瞪大眼睛，恍然大悟似的說，**「是魚鰾！凹槽和刀柄上的腥味其實都是來自魚鰾！」**

「甚麼？」華生和孖寶幹探都大吃一驚，他們知道，拉奇太太在院子裏曬的就是魚鰾！可是，這與樹膠又有何關係？

「還不明白嗎？」福爾摩斯冷冷地瞥了眾人一眼，「魚鰾除了可當作**食材**之外，還可以製成**魚鰾膠**，那是一種強力的**黏合劑**，東方人常用它來黏合家具的**榫卯**。」

「啊……這麼說的話……」胖巡警戰戰兢兢地問，「那些樹膠其實是魚鰾膠，兇手把它當作黏合劑，將**刀柄**黏到**凹槽**上，對嗎？」

「對，兇手再用麻繩把兩者固定，一根**尖利的長矛**就成形，更瞬間變成**殺人的兇器**了！」福爾摩斯眼底閃過一下嚇人的光芒。

「豈有此理！」李大猩怒罵，「兇手一定與拉奇太太有關，否則，又怎會取得魚鰾和懂得製成魚鰾膠！」

「啊……」胖子巡警想了想，「這個可能性很大。因為，這附近除了拉奇太太之外，沒有人懂得曬製魚鰾。」

「福爾摩斯，我明白了！」華生興奮地說，「**熟人！**兇手是拉奇太太的熟人！怪不得你查問她時，指出昨晚襲擊她的是個熟人！其實，你早已猜到兇手是誰！對嗎？」

「嘿嘿嘿……」福爾摩斯冷然一笑，「我確實有想過兇手是誰，但我從來不猜，只是綜合以下**6個疑問**，作出比較可靠的推論罷了。」

①小拉奇釣到白骨，令伯爵為拉奇投保的**人壽保險**生效，拉奇太太將會獲得一筆巨額賠償。金錢往往是**犯案的動機**，那麼其後發生的一切，是否皆與這個動機有關？

②承接①的疑問，由兒子發現父親的白骨是否過於巧合？是冥冥中自有主宰，還是**挖空心思的安排**？

③拉奇太太向鑰匙匠訛稱大門被小拉奇撞爛，為何她要說謊？難道她認識破門者，說謊只是為了隱瞞對方的身份？

④拉奇太太明明看到那個**吸血鬼**嘴角染血，卻反口說沒看到。為何她再次說謊？與③一樣，難道她這樣做是為了**隱瞞對方的真正身份？**

⑤巡警哥利被神秘人咬傷，同一晚，嘴角染血的**吸血鬼**登門襲擊拉奇太太。兩者是否同一個人？其嘴角的血其實是**咬傷巡警**時染上的？

⑥最後，那個**吸血鬼**是誰？為何人壽保險生效後他**多次現身**？而拉奇太太為何受襲後還刻意保護他，不肯透露其身份？

「所以，我認為那個所謂的『**吸血鬼**』不是別人，其實就是拉奇本人！」福爾摩斯斬釘截鐵地說，「因此，拉奇太太才會不惜一切地保護他！」

「甚麼？」李大猩錯愕萬分，「拉奇不是已化作白骨了嗎？」

「對啊！難道白骨復活？變成了吸血鬼？」狐格森畏怯地摸了摸脖子上的蒜頭項鏈。

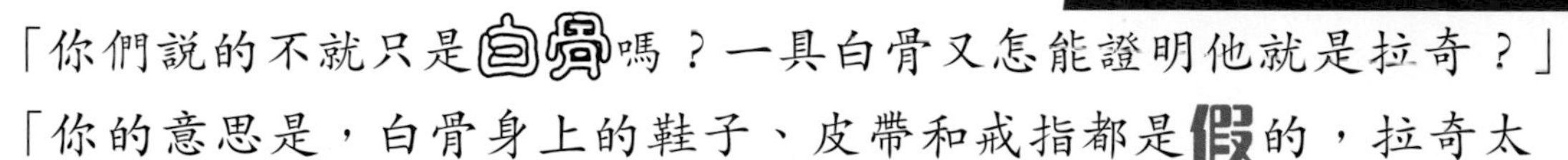

「你們說的不就只是**白骨**嗎？一具白骨又怎能證明他就是拉奇？」

「你的意思是，白骨身上的鞋子、皮帶和戒指都是**假**的，拉奇太太只是訛稱那些是她丈夫的遺物？」華生問，「可是，如果那具白骨不是拉奇，又是誰？」

「你忘了嗎？5年前的兇案有**兩個人失蹤**，除了拉奇外，還有**管家狄克**呀。」

「啊……」華生恍然大悟，「你的意思是，那……那其實是狄克的白骨！」

「沒錯，拉奇**謀財害命**，殺了伯爵和狄克，但白骨身上的東西應該不是假的，我估計那是拉奇**偷龍轉鳳**，把自己的衣物與狄克的衣物調換了。」福爾摩斯分析道，「這麼一來，就算幾個月後屍體被發現了，警方也會以為死者是拉奇，而兇手則是失蹤了的狄克！因為，到時屍體已腐爛，警方只能憑衣物認人。」

「原來是這樣啊。」李大猩和狐格森**如夢初醒**。

「不過，有兩個問題我仍未有答案。」福爾摩斯說，「**①拉奇為何等了5年才打人壽保險的主意？②他與馬車夫帕斯有何恩怨，要把對方置之死地而後快？**」

然而，第②個疑問很快就有答案了。龍湖酒吧的常客**戴西**知道帕斯遇害後，匆匆趕到了警局，說出了他一直藏在心中的秘密。

原來，5年前的案發當晚，他為剛死去的老鄰居到教堂敲鐘，回家時在路上與一個男人撞個滿懷，雙雙倒在地上。在**電光石火**的一剎那，他看到那人的**衣着很像狄克**。可是，對方倒地時的那一聲「哎呀」，卻又像是**拉奇的聲音**。及後，那人像摔傷了似的一拐一拐地登上一輛剛好經過的馬車，從那人的形態看來，他幾可肯定，那人就是拉奇。此外，他也認得，那輛是**帕斯的馬車**。

翌日，他目擊伯爵陳屍臥室後，本想把此事告訴警察的，但他曾與拉奇在教堂爆竊，如果指證拉奇，對方一定會供出爆竊的事，自己也免不了要坐牢。況且，馬車夫帕斯也沒把**半夜載人**的事告訴警察，他自己就選擇**保持緘默**了。

「那麼，你為何現在又來報警呢？」福爾摩斯問。

「我害怕……」戴西低着頭說，「帕斯在案發當晚見過拉奇，他慘遭毒手了。我怕……我怕下一個是我……」

瘦巡警把戴西帶走後，福爾摩斯說：「毫無疑問，拉奇找他的太太是為了取回**保險金**。我估計，錢一天未到手，他也不會走。」

「你的意思是，他仍藏匿在附近？」華生問。

「沒錯。」福爾摩斯想了想，向胖巡警問道，「龍湖附近有沒有**空屋**之類的地方？」

胖巡警想也不想就說：「有呀！有一所**凶宅**！哈瑞德伯爵被殺後，他的家人很快就搬走了，一直把它丟空。」

「凶宅嗎……？」福爾摩斯低吟，「他一定躲在那兒，一個他既熟悉、又令人**意想不到**的地方！」

當晚，烏雲半掩月，天上只透下半陰半冷的月光，為周圍的景物映照出一抹**幽寒的輪廓**。在當地警察的配合下，眾人悄悄地包圍了那所凶宅。然而，狐格森卻一個不小心，踢到了一個破罐，發出「**噹**」的一聲。當眾人被嚇了一跳，仍未回過神來之際，一個黑影突然奔過後院，往不遠處的龍湖逃去。

「**追！**」福爾摩斯舉起提燈大喝一聲，立馬就追了上去。

可是，當眾人追到湖畔時，黑影已竄進叢林中失去了蹤影。

就在這時，空中傳來了幾下淒厲的叫聲。

「**呱呱呱！吸血鬼！吸血鬼！**」

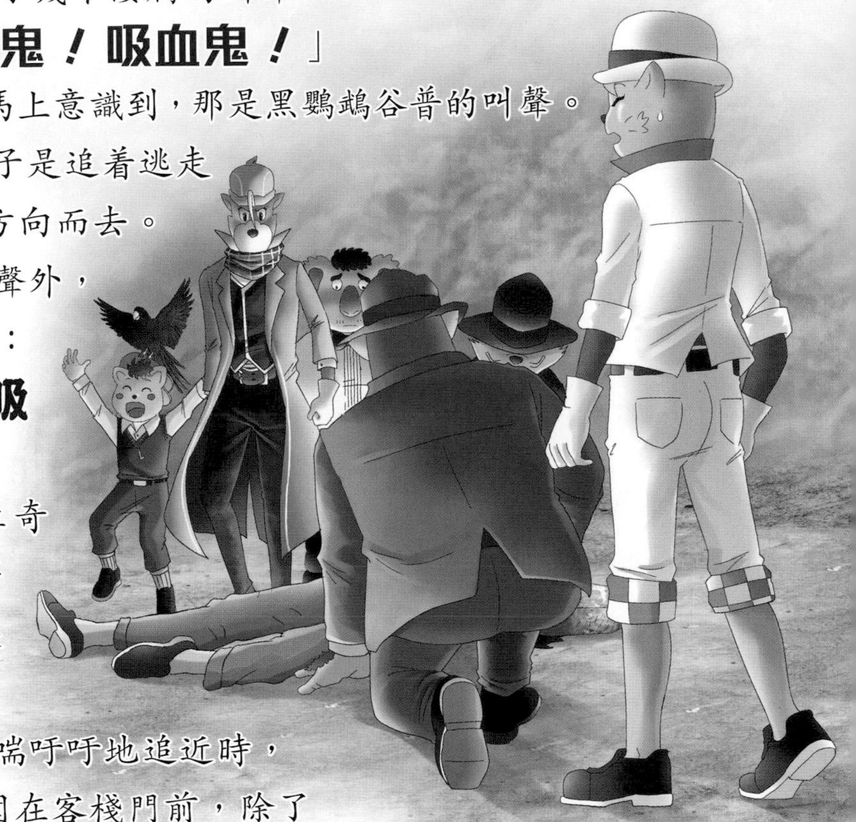

眾人被嚇了一跳，但馬上意識到，那是黑鸚鵡谷普的叫聲。

聲音由近而遠，看樣子是追着逃走的黑影往**龍湖客棧**的方向而去。

這時，除了谷普的叫聲外，還有另一個聲音大喊：「**吸血鬼！我抓到吸血鬼啦！**」

「小拉奇！是小拉奇的聲音！」福爾摩斯愕然，馬上領着眾人加快腳步往湖龍客棧奔去。

華生跑得慢，當他氣喘吁吁地追近時，只見眾人已神色凝重地圍在客棧門前，除了小拉奇興奮得**手舞足蹈**地大叫大嚷外，沒有一個人在說話。

華生走近一看，赫然發現一個男人**一動不動**地倒在一塊大石的旁邊，地上更有一灘血。

「怎麼了？」華生問。

「據客棧老闆說，他跑近時突然腳下一滑摔倒了，頭正好撞到那塊大石上。我已檢驗過了，他頸骨折斷，看來是即時斃命。」狐格森說。

「他……他是拉奇……」站在一旁的客棧老闆低聲呢喃，「沒想到……他5年前沒死，現在卻撞到**女皇石**上……**一命嗚呼**……」

這時，拉奇太太也**聞風而至**，當她看到伏屍在大石旁的丈夫後，整個人也呆住了。

「媽媽！媽媽！」小拉奇看到母親後，興奮莫名地跑過來大叫，「**我抓到了吸血鬼！我抓到了吸血鬼啊！**」

拉奇太太呆呆地看了兒子一眼，瞬間，她整個人恍如坍塌似跪了下來，**欲哭無淚**地坐在地上。這時，教堂的鐘聲突然「**噹噹噹**」地響起來，華生看了看懷錶，剛好是午夜12點鐘。

眾人聽着鐘聲，看着在父親的屍體旁邊又叫又跳的小拉奇，都不禁**黯然神傷**。

離開警察局時，天色已亮。華生在晨曦下，拖着沉重的步伐說：「沒想到，拉奇太太一直發呆，不論李大猩他們怎樣問，她也沒有半點反應呢。」

「一個人受到嚴重打擊，有時就會這樣，相信**假以時日**，她就會把案情**和盤托出**的了。」福爾摩斯咬着煙斗，吐了口煙說，「不過，不論她肯不肯說，我相信**十之八九**也和我的推論差不多。」

「是嗎？」華生問，「可以說來聽聽嗎？」

福爾摩斯若有所思地說：「再說又如何？拉奇已死了，也終於**得償所願**了。」

「甚麼？」華生不明所以。

「不是嗎？他費盡心思都是為了取得自己的身故賠償。現在，他撞在**女皇石**上意外身亡，保險公司不得不賠呀。」

「原來如此。」

「不過，他卻無法享受賠償帶來的好處。那份豐厚的保險金，只會賠給拉奇太太和小拉奇，真是**天違人願、因果報應**啊。」

科學小知識

【魚鰾】

魚鰾藏於魚的體內，形狀像一個長形的氣囊，是硬骨魚類獨有的器官，作用是通過充放氣體來調節浮力。當魚要在水中往上升時，就在魚鰾充氣增加浮力利於上升。反之，當魚要下沉時，就從魚鰾放出氣體，減少浮力利於下沉。所以，魚在水中自由地活動，除了靠擺動魚鰭和魚尾外，也要靠魚鰾調節浮力的能力。

依靠充放氣體來調節浮力的魚鰾有兩種，一種是通過口部的呼吸來進行，如鮭魚、鯉魚和金魚等。一種則是通過存取血液中的氣體來進行，幾乎所有硬骨魚類都屬於這種。

那麼，沒有魚鰾的軟骨魚類又怎辦？不必擔心，牠們可以通過貯存在肝臟的油來調節浮力，如鯊魚和魟魚（又稱魔鬼魚）。

魚鰾還是發聲器官。大部分魚類在發聲時，都是通過收縮魚鰾附近的肌肉，令魚鰾產生振動來進行的。

魚鰾俗稱花膠，也是一種高級食材，廣東人喜歡把它用來煮湯。此外，如本集故事中所說，它還可製成魚鰾膠，是一種強力黏合劑，以前常用於黏合木製家具的榫卯，比起化學黏劑既環保又耐用呢。

自動平衡托盤

用托盤取餐時，不小心將食物或杯中飲料撒出是常有的事。那要如何在行走過程中保持托盤平衡？為此，The Fedmog Challenge 團隊研發出一款自動平衡托盤，希望保住人們手上的美食。

神奇的陀螺儀

托盤能保持水平在於裝置內部採用陀螺儀原理的物件。陀螺儀是一種用來感測並維持方向的裝置，當中包括可圍繞旋轉軸自轉的轉子（陀螺）、左右旋轉的內平衡環，還有上下旋轉的外平衡環和框架。

陀螺有進動性，亦即不論它呈甚麼角度在地面轉動，都會依照該角度繼續旋轉。故此，陀螺儀的轉子一旦開始水平旋轉，不論內平衡環和外平衡環如何轉動，轉子仍會一直維持水平。

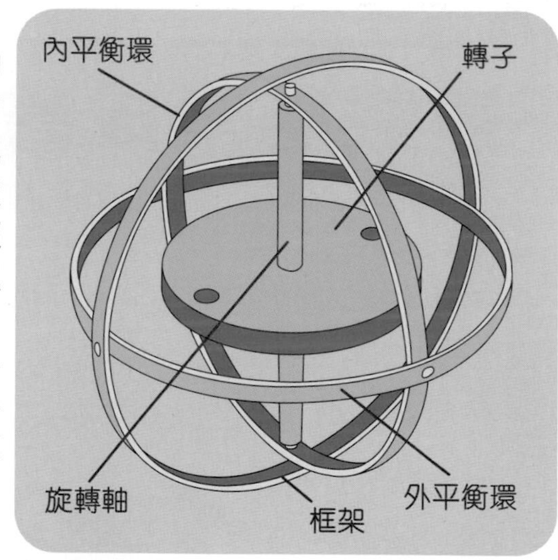

平衡技術的運用

手機雲台是一種利用陀螺儀原理的攝影設備，將手機放入支架後，不論怎樣擺動，手機仍維持最初方向，避免畫面晃動。

老年人常常因神經控制能力減弱而自發地手抖。一些公司發明出自動平衡匙羹，以陀螺儀原理使其保持水平，不斷向手部抖動的相反方向移動，使湯飯不易潑出。

在大約1750年前，中國西晉時代有一位大臣叫王衍*。他喜歡與人談天說地，只是往往說起話來東拉西扯，不着邊際。

*「衍」讀作「演」。

前兩天回鄉，給你帶了些特產。
是花生啊，我家水田裏也長了不少呢。
王衍

花生不是長在水田吧？
哎呀，一時口誤，我是想說樹上結了不少呢。

那是種在地裏的！
呵呵，口誤、口誤……

你這種行為，就叫——

信口雌黃

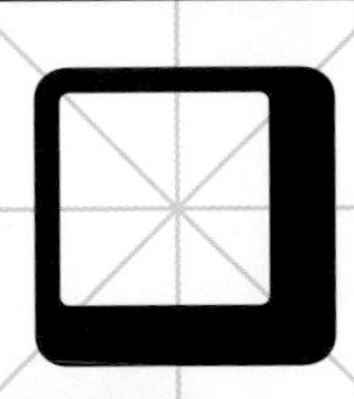

釋義：

「信」有隨便之意，「信口」即是隨口。

「雌黃」是一種礦物，古代用於塗改紙上的錯字。

這成語原指說話像口中含了雌黃，可隨時更改。後來比喻人不顧真相，去隨口亂說或妄下評論。

同義詞：信口開河、妄下雌黃

我就是有自「信」！
唉……

雌黃是甚麼？

雌黃又稱石黃，由化學元素砷以及硫組成，呈橙黃色，質地鬆脆，用手搓捏即可成粉狀。它主要存在於火山或噴泉，多作短柱狀或土塊狀。

Photo by Robert M. Lavinsky/ CC BY-SA 3.0

Photo by James St. John/ CC BY 2.0

▲砷 (Arsenic) 呈銀灰色，具有劇毒。

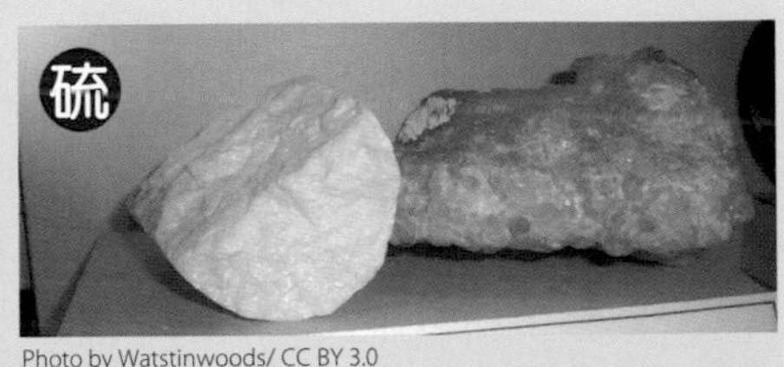

Photo by Watstinwoods/ CC BY 3.0

▲硫 (Sulphur) 又稱硫磺，是黃色的無味無臭晶體。若與氫結合成硫化氫，就具有臭味，也是屁臭的來源*。

*欲知屁的知識，可參閱 p.44-46 的「人體趣談」專欄。

使用黃色的塗改液，是因為紙也是黃色的。

黃色的塗改液？

紙張易惹蟲蛀、不利保存，古人就將其浸於黃檗*樹皮汁液，再塗上一層蠟，以收防蟲功效。由於黃檗樹皮呈黃色，於是紙亦被染黃了（如右圖）。為了讓塗改的位置與紙同色，古人就使用顏色相近的雌黃。

*「檗」讀作「百」。

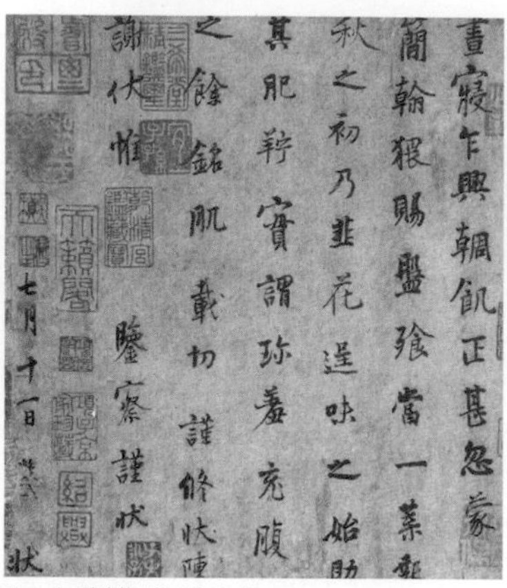
Photo by 陳寅恪 / CC BY-SA 4.0

▲圖為清代乾隆內府的《韭花帖》藏本。

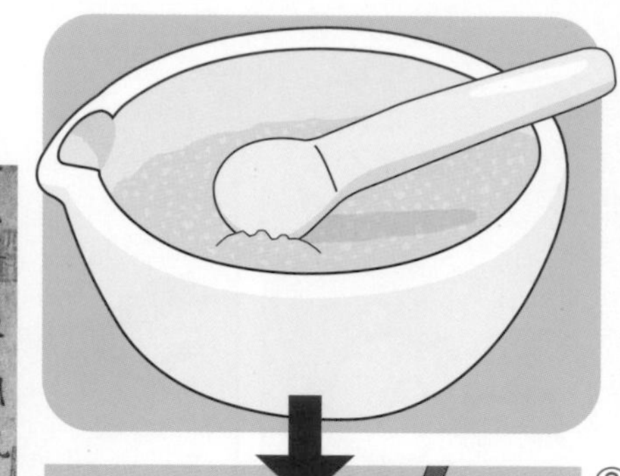

使用方法：

①先將雌黃敲碎成小塊，再搗碎成細粉，然後裝罐保存。

②使用時先取出適量粉末，加入蛋白作為凝固劑，再用毛筆沾取並塗抹在錯字處。

雌黃的作用

在古代中國、印度、西方古羅馬帝國時期，人們已懂得運用雌黃。由於其黃色艷麗，故成為重要的顏料。另外，該顏色亦引起煉金術士的注意，他們企圖以其煉製出黃金，不過全都失敗收場。

除了塗改錯字，還可用來畫畫啊！

Photo by Hiroki Ogawa/ CC BY-SA 3.0

◀雌黃顏料會因暴露於空氣而發黑，加上其毒性，所以已不常用在現今畫作。圖為甘肅省敦煌市的莫高窟畫。

另外，古時人們多以雌黃殺滅害蟲。中國古代醫籍雖有將其入藥的記載，但至現代已鮮少使用，也不收入藥典。

現在雌黃用於生產半導體、煙花、紅外線透射玻璃等。

好，吃顆花生
休息一會吧。
等等！
吃前先洗手，
雌黃有毒啊！

致命的毒性！

雌黃的劇毒主要來自砷。事實上，吸收極微量的砷對人體並無大礙，然而若是大劑量則足以致命。古今中外曾發生多宗砷中毒事件，較著名的有法國皇帝拿破崙（下圖）可能因長期吸入從綠色牆紙揮發出來的砷，以致中毒身亡。

▲服下大量砷後，最初會劇烈嘔吐。▲身體為排出多餘的砷，便腹瀉不止。▲若未能及時醫治，中毒者會在12至36個小時內死亡。

▶那綠牆紙可能用上18世紀發明的人造色素「謝勒綠」，它在製作時須用上大量砷化合物「三氧化二砷」（俗稱「砒霜」）。人們以其為牆紙、布幔染色時就會將這種毒物浸染其中。

既有雌又有雄？

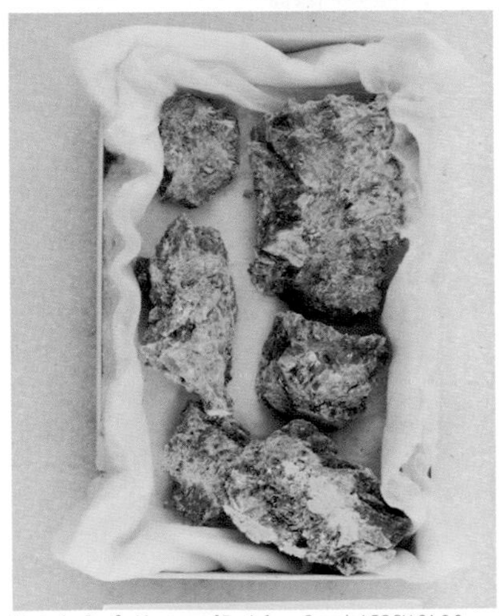

Photo by Pacific Museum of Earth from Canada/ CC BY-SA 2.0

在雌黃礦石中，常會混雜一些紅色的物質，那就是雄黃。雄黃也由砷和硫組成，其特性和作用亦與雌黃十分相似，同樣有毒。

雌黃與雄黃
常常是共生
的。

Photo by Robert M. Lavinsky/ CC BY-SA 3.0

▶雄黃因其顏色紅如雄雞冠，故又稱雞冠石，可用作紅色顏料和毒藥。

酒

◀另外，古人會於端午節製作雄黃酒，寓意驅毒辟邪。不過現代已證實雄黃加熱後會產生劇毒的氧化物，並不建議飲用。

對了，
我還給你
帶了個
古董。
哎呀，這個
酒壺的模樣
和氣味真稀
奇呢！

這是小便用的
夜壺啊！
一時口誤、
口誤……
噁呀！

KC 天文教室

天文 微隕石的傳奇

梁淦章工程師
香港天文學會
太空歷奇

Photo credit: J.B.Kihle & J.Larsen

▲南極洲發現的微隕石，用特殊的顯微攝影技術拍照。

來源、數量、大小和分類

微隕石是體積如灰塵大小的隕石，其直徑通常在 0.2 至 0.4mm 之間。當那些來自彗星、小行星、月球和火星等的微流星體以高速進入大氣層而沒被高熱氣化，便能散落地面形成微隕石。

每年約有 30,000 噸宇宙塵粒進入大氣層，但僅十分之一能形成微隕石落到地面。雖然微隕石十分細小，但數量龐大，總地面沉積量比隕石量多 50 倍。

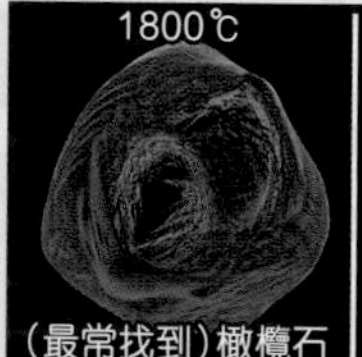

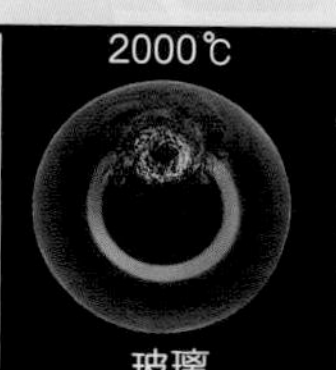

受高熱影響，大多數微流星體會熔解，表面張力令它們形成近似球形或正球形的微隕石。

高溫會改變微流星體的容貌和化學形態，新的紋理和外形受其行進時的速度、角度和轉動影響。溫度低過 1350℃時，微粒未能熔解，2000℃時則全熔解成微型玻璃珠。

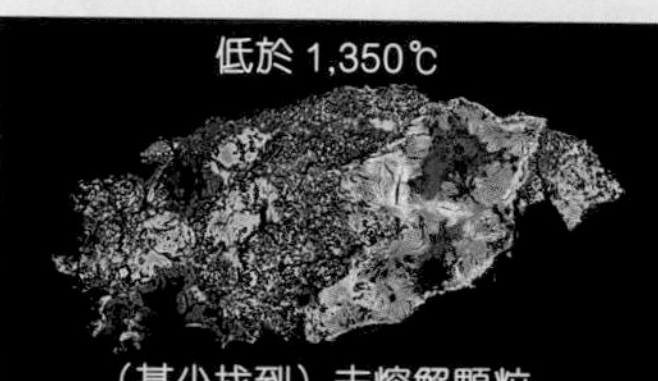

微隕石的外觀可由其成分和穿越大氣層時的受熱程度來分類。

1500℃
鱗屑質

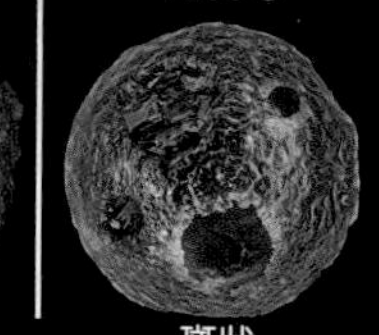

顯微鏡下的姿采

微隕石因太微細，單憑肉眼不能分辨，須借助顯微鏡才能看清其形貌。

▲指尖上的微隕石

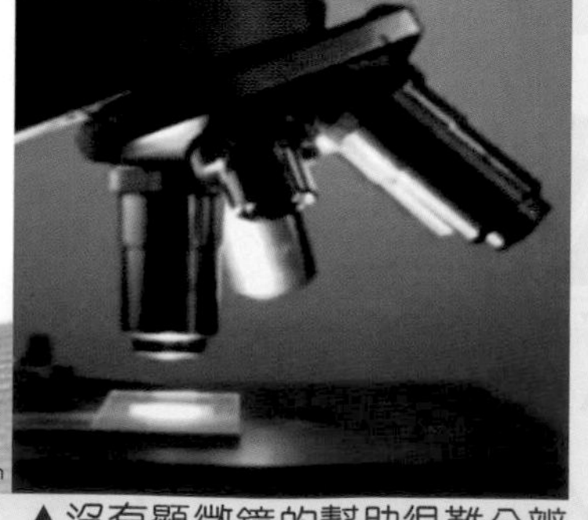

▲沒有顯微鏡的幫助很難分辨是微隕石還是塵粒

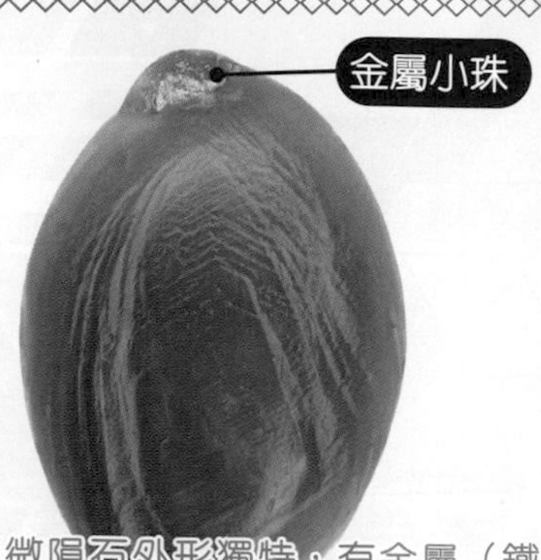

▲這顆微隕石外形獨特，有金屬（鐵鎳）和石質成分，在高溫下熔化成液體狀態。它衝向地面時，因金屬成分較重且衝力較大，從而形成一粒金屬小珠在前端，整體則被拖拉成欖核形。

何處尋？如何找？

每年約有 3,000 噸微隕石散落地面，平均每 1 平方米就有一顆。南極洲被白茫茫的冰雪覆蓋，任何天外來客——隕石都較易被發現，也是尋找微隕石的理想環境。

南極洲的微隕石經年累月堆疊在冰層下，愈向下掘，微隕石的年代愈久遠。

▶科學家在 1995 年於南極站的一個水井底的沉積物中發現微隕石，水井深度隨底部的冰融化成水逐年變深。

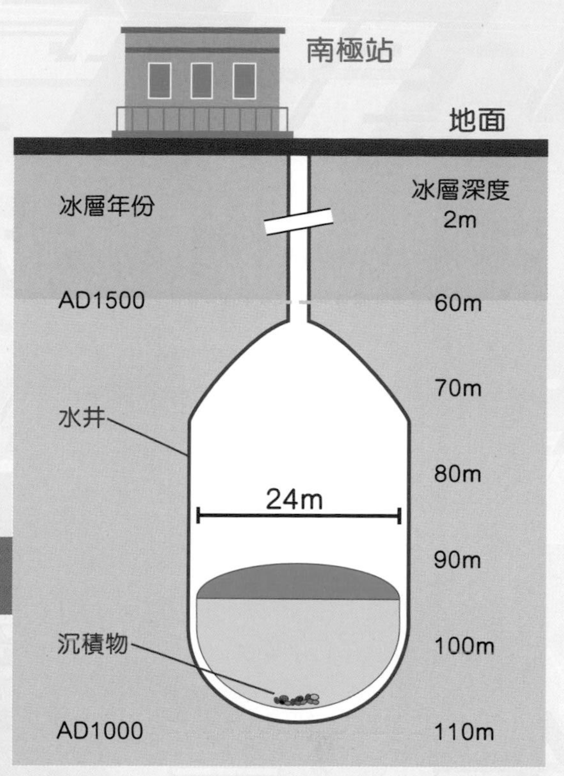

▶不斷抽取底部的沉積物，可找到年代愈久遠的微隕石。

城市中的星塵

以往尋找微隕石的都是專業科學家，地點多選在遠離人煙的雪地、沙漠或荒野，避開人造污染物。2016 年開始有公民科學家成功在被認為不可能找到微隕石的城市環境中發現其蹤跡。

他們利用磁石在建築物的天台採集有金屬成分的微隕石，並鼓勵更多人參與。

成為微隕石獵人！

微隕石像塵埃不斷散落地面，只要你有興趣和耐性就可在鄰近空曠的露天地方如學校天台找到，可按下列步驟嘗試。

1 強力磁石(⚠請在成人陪同下購買並使用)

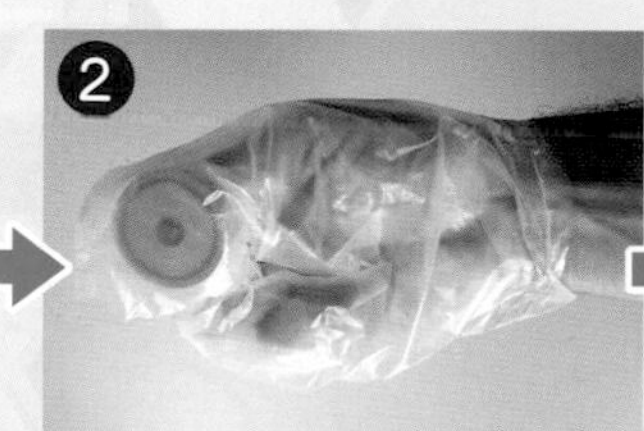

2 套入膠袋內

3 收集地面帶磁性的塵粒，完成後翻轉膠袋，把「樣本」套入袋中

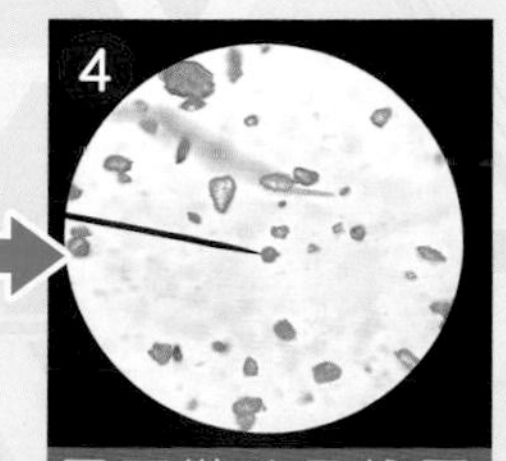

4 用顯微鏡尋找圓形的顆粒

這過程看似簡單，其實需要無比的恒心與耐力。就算尋獲疑似的圓形「微隕石」，也可能只是形貌近似的人造污染物，例如煙花殘留物或切割工序後的碎屑。

因此，若要從科學上確認是否是微隕石，仍須以電子顯微鏡等作地質和化學成分分析。

專欄審校：
香港科技大學生命科學部教授　周敬流博士

屁是甚麼？從何而來？

屁其實是腸內積聚的氣體，當受到腸道蠕動而被推動時，便會由肛門排出。

腸內氣體來源一：跟隨食物的空氣

進食時，難免會吞進一些空氣到胃中。那些空氣大部分會以「打嗝」的形式排出，其餘則隨食物進入腸道。其成分跟大氣比例差不多，主要是氮氣，其次是氧氣，都屬於沒氣味的氣體。

腸內氣體來源二：食物分解所產生的氣體

腸道細菌也得吃東西才能生存。當細菌分解腸道中的食物時，便會產生氣體。而氣體的分量和氣味則隨食物而改變。

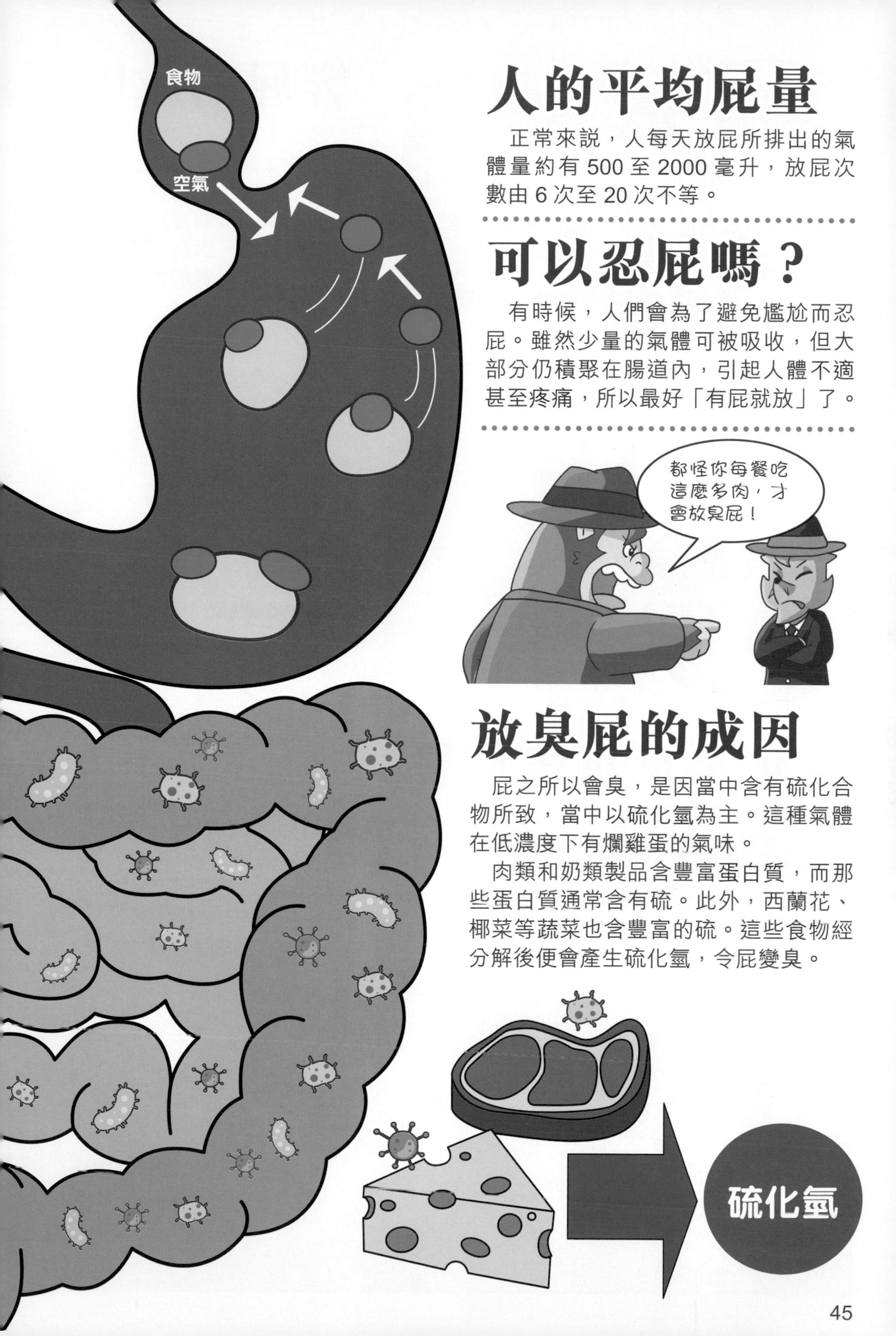
食物
空氣
都怪你每餐吃這麼多肉，才會放臭屁！
硫化氫

人的平均屁量

正常來說，人每天放屁所排出的氣體量約有 500 至 2000 毫升，放屁次數由 6 次至 20 次不等。

可以忍屁嗎？

有時候，人們會為了避免尷尬而忍屁。雖然少量的氣體可被吸收，但大部分仍積聚在腸道內，引起人體不適甚至疼痛，所以最好「有屁就放」了。

放臭屁的成因

屁之所以會臭，是因當中含有硫化合物所致，當中以硫化氫為主。這種氣體在低濃度下有爛雞蛋的氣味。

肉類和奶類製品含豐富蛋白質，而那些蛋白質通常含有硫。此外，西蘭花、椰菜等蔬菜也含豐富的硫。這些食物經分解後便會產生硫化氫，令屁變臭。

響屁的成因

屁量愈大，屁就會愈響。蔬菜及水果含豐富纖維，而那些纖維在小腸無法被消化，卻在大腸中被某些細菌分解，其間會產生二氧化碳、氮氣等氣體。由於這些氣體的容量通常都比硫化氫的大，所以產生的屁量也較多。

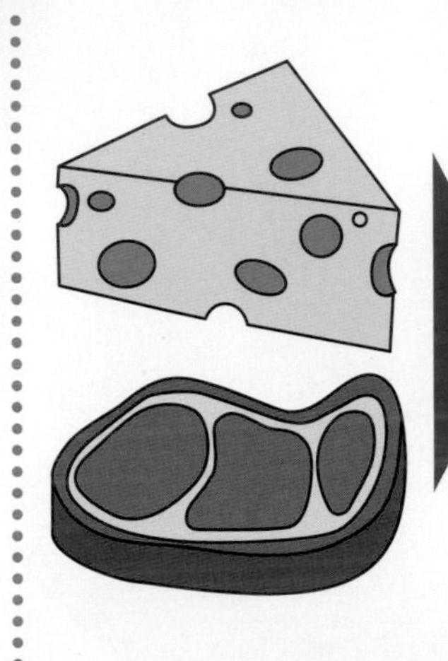

消化不良也會放響屁？

當腸道中有許多食物未能被消化及吸收，細菌便有時間分解它們，並產生大量氣體，引起響屁。

由上述的原因可見，引起響屁及臭屁的成因並沒有矛盾，兩者可同時出現，因此屁響不響跟臭不臭並沒有關聯！

披着盔甲的生物？

這些一塊塊如裝甲般的厚重骨骼，表面十分光滑，看來是為了保護頭部……難道這是常被襲擊的動物？

這是甚麼？頭盔嗎？

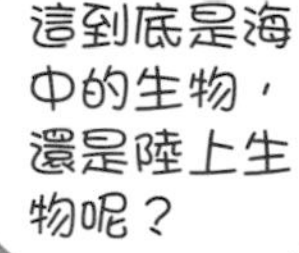

不，這是某種動物的頭骨啊。

這到底是海中的生物，還是陸上生物呢？

這些像牙齒的結構連着顎骨，卻跟動物牙齒有些不同，並沒有牙床，那麼真的是牙齒嗎？

猜猜看！

① 這化石模型的物種是肉食動物，還是草食動物？
② 這是甚麼動物？

這是「鄧氏魚」，又稱恐魚，屬於盾皮魚綱的遠古海洋動物。

長有盾皮的魚——

常被誇大的體形

由於以前人們只發現鄧氏魚頭部的厚甲殼化石，所以只能以其作憑據去估計牠的大小。以往一些科學家曾估計鄧氏魚長達 6 至 10 米，但估計方法不明，可能誇大了其體長。

大白鯊

鄧氏魚

最新的估計由凱斯西儲大學的羅瑟．K．恩格爾曼（Russell K. Engelman）於 2013 年發表。他估計鄧氏魚只有 3 至 5 米，比現代的大白鯊短小。

沒有牙齒卻吃肉？

跟上期介紹的巨齒鯊剛好相反，鄧氏魚沒有牙齒，而是利用形狀像牙齒的鋒利甲殼來噬咬其他有甲殼的魚類或菊石。

鄧氏魚

鄧氏魚小檔案

學名：*Dunkleosteidae dunkleosteus*
估計體重：1 至 4 公噸
估計體長：3 至 5 米
時期：泥盆紀晚期（3 億 8200 萬年至 3 億 5800 萬年前）

鄧氏魚分佈

全球不同地方都有鄧氏魚化石出土，因此估計牠曾遍佈地球海洋各處。

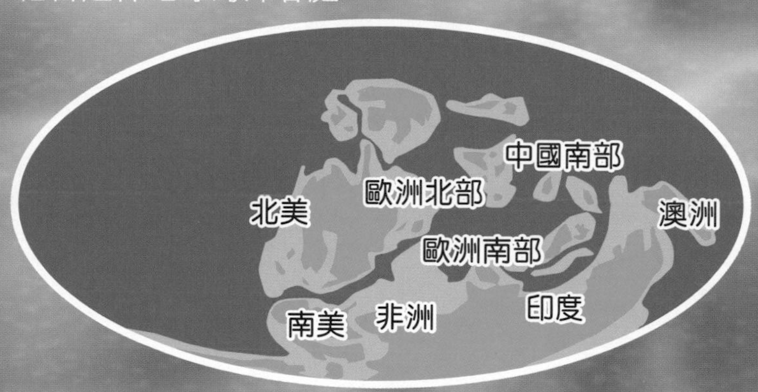

▲地球現今各地在泥盆紀時的位置

頂端獵食者

鄧氏魚的體形比同期的其他生物大，因此牠該是泥盆紀海洋中的頂端獵食者。換言之，只有牠吃其他動物，卻沒有其他動物會吃牠。

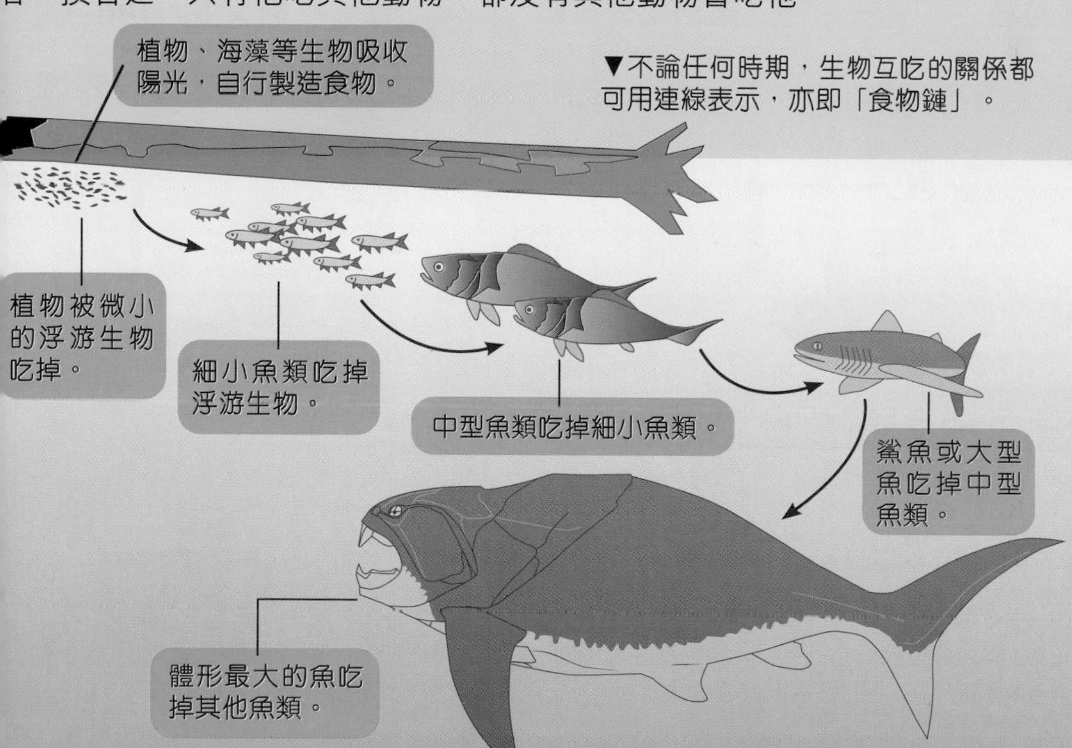

植物、海藻等生物吸收陽光，自行製造食物。
植物被微小的浮游生物吃掉。
細小魚類吃掉浮游生物。
中型魚類吃掉細小魚類。
鯊魚或大型魚吃掉中型魚類。
體形最大的魚吃掉其他魚類。

▼不論任何時期，生物互吃的關係都可用連線表示，亦即「食物鏈」。

開心禮物屋

參加辦法

在問卷寫上給編輯部的話、提出科學疑難、填妥選擇的禮物代表字母並寄回，便有機會得獎。

A Merchant Ambassador 捉地鼠

1名

迅速敲擊地鼠，考驗反應能力！

B BANDAI 機動戰士 救世主高達

1名

成為唯一被選中的高達駕駛員！

C STAR WARS 芬恩 鈦合金頭盔

1名

戴上頭盔，
原力覺醒為第一軍團風暴兵！

D 大偵探福爾摩斯 逃獄大追捕大電影 Book + DVD

1名

內含各種人物資料集，動畫製作大揭秘！

E 誰改變了世界？③ & ④

1名

世界前進的那一步，就在這些瞬間！

F 小說 名偵探柯南 電影版① & ②

1名

再現電影中的驚險畫面！

G LEGO® 10692 創意顆粒箱

1名

內含多種積木，盡情發揮想像力！

H TAKARA TOMY 銀河星光寶箱

1名

精緻美麗的星光少女儲物盒。

I TOMY 優獸大都會 教父 Mr. Big

1名

教父其實是北極熊旁小小的 Mr. Big！

第 223 期得獎名單

	禮物	得獎者
A	樂高 43192 DISNEY 灰姑娘的皇家馬車	林泳寶
B	STEM 磁鐵科學	梁愉安
C	4M 反斗奇兵 模具與油漆	鮑愷傑
D	The Great Detective Sherlock Holmes ⑨ & ⑩	徐梓耀
E	小說 名偵探柯南 CASE ⑤ & ⑥	盧司侃
F	大偵探 側揹袋（灰色）	Law Ha Hei
G	4M Toysmith: 綠色科學 天氣科學套組	吳泳樑
H	Royal Toys 小城故事拼裝積木：氹氹轉 (101 塊)	高證庭
I	TAKARA TOMY Ania 模型 AL-02 三角龍	李健維

規則

截止日期：1 月 31 日
公佈日期：3 月 1 日（第 227 期）

★ 問卷影印本無效。
★ 得獎者將另獲通知領獎事宜。
★ 實際禮物款式可能與本頁所示有別。
★ 匯識教育公司員工及其家屬均不能參加，以示公允。
★ 如有任何爭議，本刊保留最終決定權。
★ 本刊有權要求得獎者親臨編輯部拍攝領獎照片作刊登用途，如拒絕拍攝則作棄權論。

第 221 期得獎者（代領）

全國青少年科技創新比賽 2023
香港區頒獎典禮

活動資訊站

去年 10 月 7 日，香港新一代文化協會於香港科學園高錕會議展覽中心舉行「全國青少年科技創新比賽——香港區頒獎典禮 2023」，三項全國規模最大的科學比賽：「全國青少年科技創新大賽」、「全國青少年航天創新大賽」、「宋慶齡少年兒童發明獎」全國賽的得獎隊伍聚首一堂！

▲同學及老師在三項比賽合共取得 54 個獎項，包括「第 2 屆全國青少年航天創新大賽」的獎項 11 個、「第 37 屆全國青少年科技創新大賽」的獎項 39 個，及「第 18 屆宋慶齡少年兒童發明獎」4 個。

◄「第 2 屆全國青少年航天創新大賽」得獎學生向主禮嘉賓介紹作品。

►得獎學生更即場分享參賽過程及得益！

數學偵緝室

數學

大偵探福爾摩斯
校園文化日的大獎

鬆餅鬆餅，買二送一的鬆餅啊！
最新故事集，保證好看！
好味朱古力，吃了好心情！

你們學校的文化日活動挺有趣呢。
呵呵，那當然！

別忘了之前商量過的事。
助你贏取數學攤位的大獎嘛，沒問題！記得幫我寬限一個月房租啊。

噢，數學攤位在那邊！
你怎麼帶他過來，萬一添亂怎麼辦啊？
他硬要跟着來，我也沒辦法。

歡迎參加親子數學知識比賽！我是負責活動的克洛伊。

贏了就能得到
全文化日最具
「份量」的
大獎！
哇！
好厲害！

比賽是
利用卡牌玩
「合24」遊戲，
只要答對5題
即勝出。
合24？

「合24」卡牌比賽規則

①準備一副撲克牌，去掉鬼牌和J、Q、K，另將A當成1。

②將牌背面朝上並打亂其順序。

③將撲克牌排開。

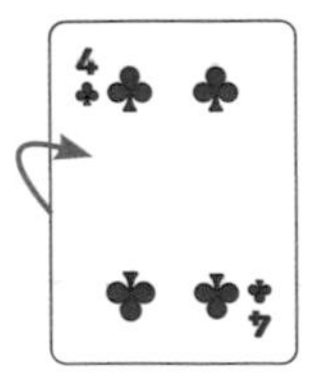

④參賽的其中一人隨機抽取4張牌後翻開。

⑤以＋、－、×、÷四個符號與牌上的4個數字組成算式，使結果等於24即可。

根據情況，同一個符號可使用多次，但不必用齊所有符號，例如：

另外也可自由使用括號，例如：
(?－?)×(?＋?)=24

第一組牌

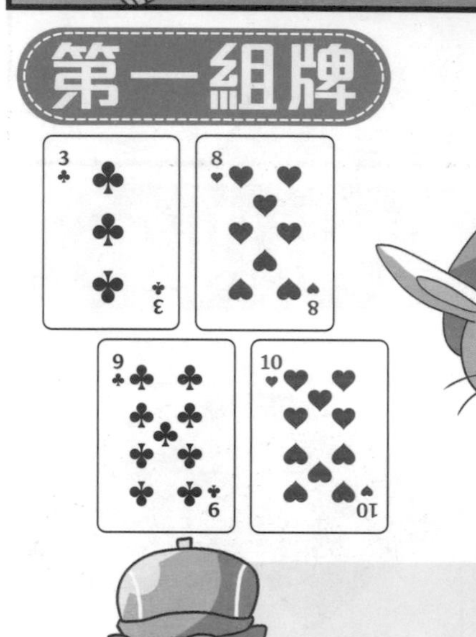

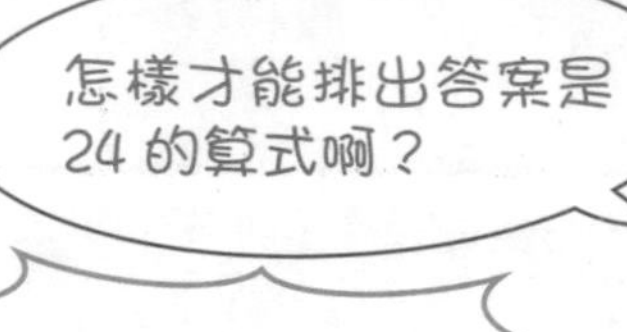

大數試加減

當牌中出現2至3個較大的數字時，先嘗試是否可用加減法湊出24。例如：

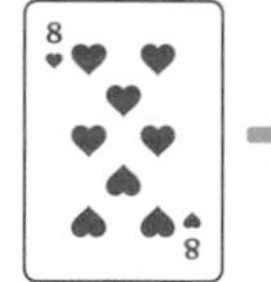

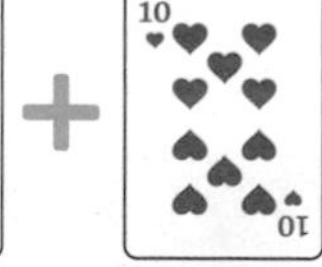

乘法湊因數

24 = 2 × 12 = 4 × 6 = 3 × 8

以上數字都是24的因數，先看看抽到的牌中有沒有這些數字，再嘗試湊出並相乘即可。

牌中恰巧有3與8，只要再湊出1，即可使 3 × 8 × 1 = 24。而剩下的兩張牌9、10，恰能利用：10 - 9 = 1。例如：

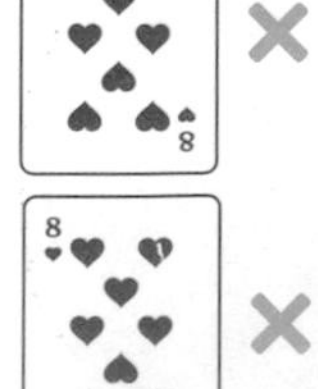

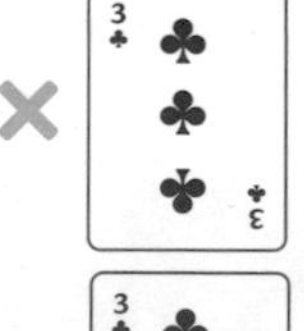

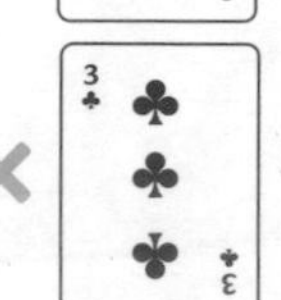

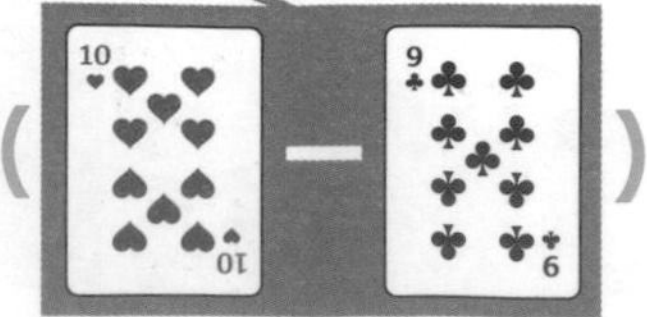

第二組牌

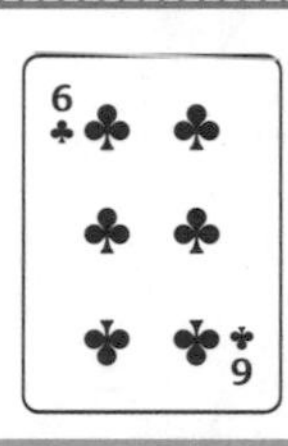
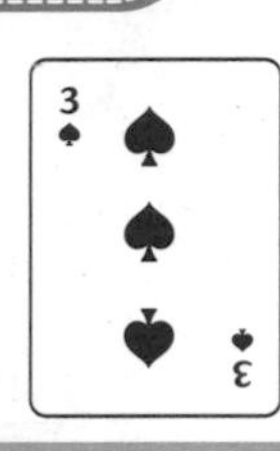

小兔子的答案

根據技巧②，因牌中有 6，只要將其乘以 4 就得出 24，試用剩下的三張牌 10、3、3 湊出 4。

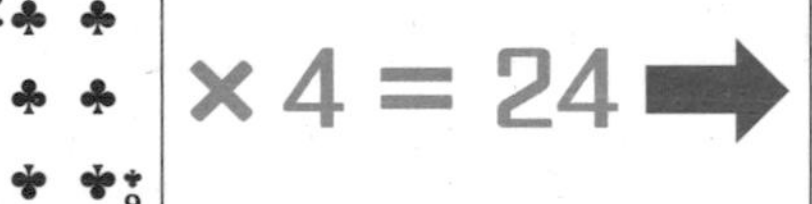
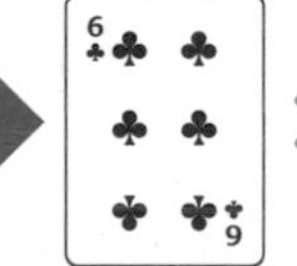
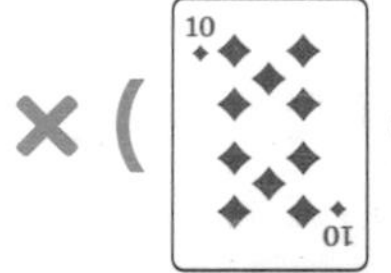
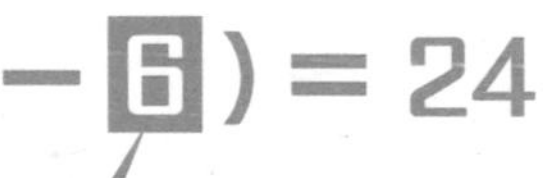

6 × 4 = 24 → 6 × (10 − 6) = 24

6 × (10 − 3 − 3) = 24

10 - 6
=10-(3+3)
=10-3-3

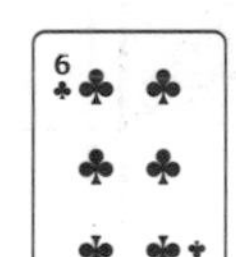

愛麗絲的答案

根據技巧②，因牌中有 3，只要將其乘以 8 就得出 24，試用剩下的三張牌 10、6、3 湊出 8。

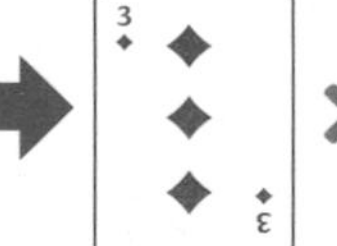
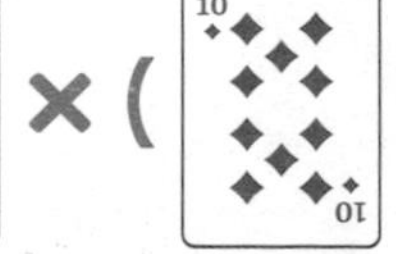

3 × 8 = 24 → 3 × (10 − 2) = 24

3 × (10 − 6 ÷ 3) = 24

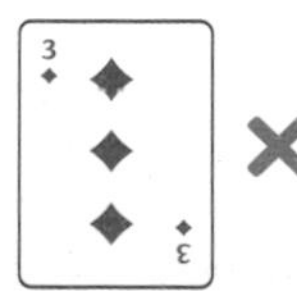
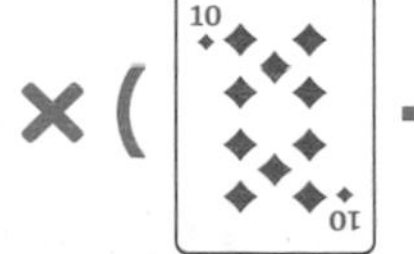

先乘除後加減

10 - 2
=10-6÷3

用除法又怎樣，我還是比你快！
這次我來抽牌，一定算得比你快！

第三組牌

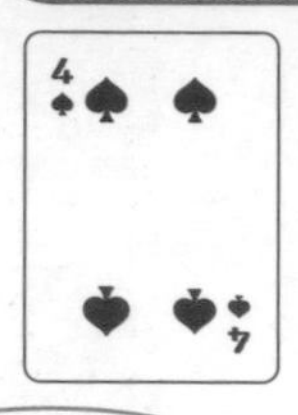

哈哈，我已看到一個可用技巧的數字了！

要怎樣以第三組牌的數字算出 24 呢？
用 p.52 的技巧試試吧！答案見右頁。

十分鐘後……

哈哈哈！剩下 3 局都是我贏！
我竟輸給這傢伙～

大獎呢？
大獎就是——

這個！
甚麼，只是書？

練習多些，說不定會成為「合 24」大師呢！

都怪你帶那傢伙來，
害我出醜！我要
取消你的租金寬限！
冤枉
啊！

第三組牌的答案

被抽中的卡牌數字有 4、10、2、2，可用以下兩種方法組出算式。

方法①：4 ×(10 - 2 - 2) = 24

根據技巧②，牌中有 4，只要與 6 相乘就能算出 24。剩下三張牌為 10、2、2，由於 10 - 4 = 6，所以只要 10 - (2 + 2) = 10 - 2 - 2 = 6，然後與 4 相乘即等於 24。

或：

方法②：(10 + 2) × (4 ÷ 2) = 24

根據技巧②，12 × 2 = 24。10 + 2 = 12，而 4 ÷ 2 = 2，只要兩者相乘即可等於 24。

其實從第一組牌到
第三組牌的問題，
我們都只提供兩種
解答方式，還有其
他組合方法的，大
家試找出來吧！

數學小知識

合 24 遊戲是一種四則運算訓練，有時會更將 J 當作 11、Q 是 12、K 則是 13，以增加難度。此遊戲可提升人們對數字的敏感度，加強心算能力。

事實上，抽出的 4 個數字
未必每次都能算出 24。
另外，有些網頁提供搜
尋功能，顯示被抽出的
數字能否組合成算出
24 的數式，方便人們
檢查哪些組合可行。

鳴謝：
嶺南鍾榮光博士紀念中學

比賽開始！

參賽的 F1 模型賽車預先在賽道上排列，並利用賽道起點的裝置引發車尾的壓縮二氧化碳向後噴射，車便會沿賽道極速衝向終點。

電子計時紀錄板

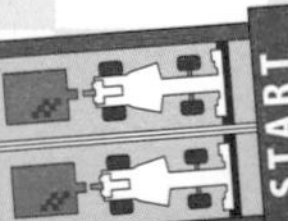

比賽賽道

極速衝刺一級方程式！

嶺南鍾榮光博士紀念中學 校園一級方程式親子賽車

在學校禮堂也可以玩一級方程式賽車！由嶺南鍾榮光博士紀念中學主辦的「校園一級方程式親子賽車」已於 2023 年 11 月 4 日舉行，參賽的小學同學與父母合力製作 F1 模型賽車，務求以最快速度衝過賽道！

參賽者跟父母一起製作賽車，加上由校內師生組成的工作人員隊伍協助，很順利就完成組裝，然後開始比賽！
FINISH
衝線！

◀看到比賽開始的燈號，立即按下發射按鈕，賽車隨之衝出！

▶校園一級方程式（F1 in Schools）是一項國際賽事，嶺南鍾榮光博士紀念中學首隊 F1 in School 隊伍於 2022 年組成，同年成功在香港區決賽奪得亞軍，其後更於 2023 年 9 月到新加坡參加國際賽。

曹博士信箱
Dr. Tso
香港中文大學
生物及化學系客席教授
曹宏威博士

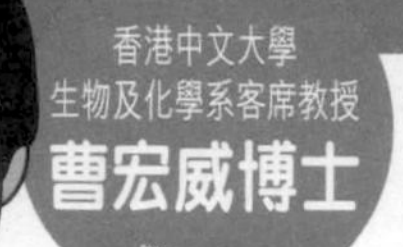

Q1 為甚麼風會有聲音？

彭展熙

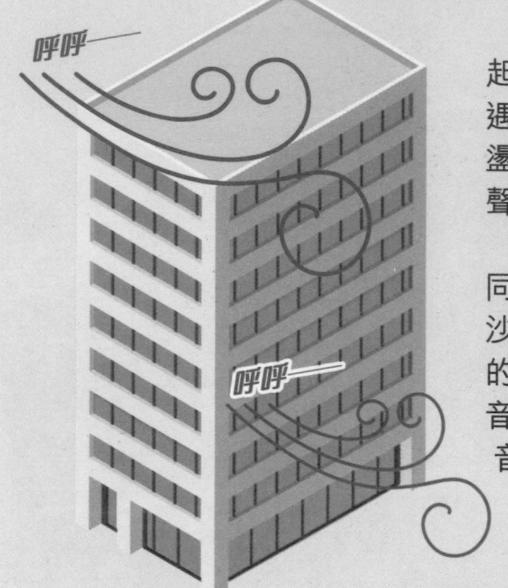

風是空氣的流動，如果它的流動沒因碰上障礙物而引起物體衝擊及震盪，四周仍是寂靜無聲。然而，當氣流遇上障礙物時，便會出現湍流，使空氣粒子有規律地震盪，於是產生聲波，也就是風聲了。另外，真空會阻隔聲音的傳遞。

當陣風吹過空曠的地方，刮過長滿樹葉的樹幹時，不同擺向的葉子便隨風搖曳。它們發出一陣陣不規則的沙沙聲，這就是我們記憶中最原始的自然界風聲。我們住的房子沒聲嗎？不是，只是建築物在微風下刮不起「主」音！其實固定物（建築物）仍會產生特定頻率的穩定聲音，只是聲音的高低受風速影響，於是被樹葉的主音蓋過了！最易察覺此情景的，便是颱風天和比較風和日麗時的風聲。在去年十號風球的影響下，你沒發覺「風老虎」的威力嗎？

Q2 為甚麼人不停轉會暈？

洪晉謙

我們的耳朵除了負責聽覺外，還有一個很重要的「感應身體平衡」功能。人的內耳有三條半規管，管內長着一排排豎立的幼毛，半淹在體液「耳水」中。當我們的頭部轉動時，半規管內的液體便會反方向流動，推動挺拔的毛髮倒向一邊，毛髮端所帶的神經便感受到這變動刺激，將訊號傳入大腦，令我們產生頭部旋轉的感覺。轉動越快，毛髮的結構備受衝擊的刺激感便越強，令人產生天旋地轉之感！

耳管內毛髮對身體方位的敏感度會因身體狀況而屢有不同，往往出現不同的「暈浪」感覺，那就是有人會「暈車」或「暈船」的原因。

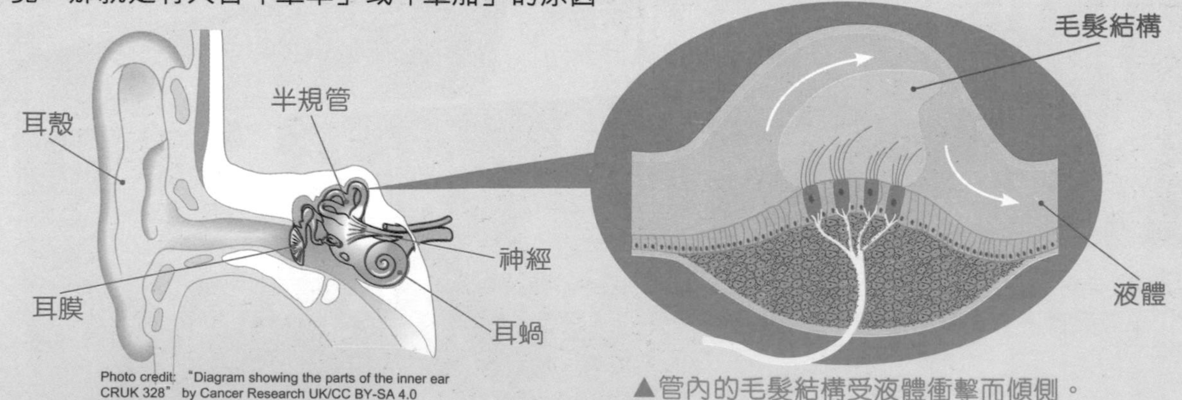

Photo credit: "Diagram showing the parts of the inner ear CRUK 328" by Cancer Research UK/CC BY-SA 4.0

▲管內的毛髮結構受液體衝擊而傾側。

科學Q&A
第一百五十三話
沒有石油的一天（上）
漫畫◎李少棠　上色協力◎周嘉詠
劇本◎《兒童的科學》創作組
……因局勢緊張關係，油價急升……
最近爸爸對油價消息很緊張啊！
油價跟他有何關係？
唉，又要增加地球任務的預算。
難道連宇宙巡邏隊也受影響？
吣吣吣——
怎麼了？
是小Q的緊急通信。
出大事了，快到街上看看！

發生甚麼事啊？
所有車
同時壞掉？
事不尋常！
怎麼了？
油缸突然
沒了汽油！
我也是！
我才剛
入滿油啊！
怎麼汽油
突然都
消失了？
汽車
沒汽油就
跑不動
嗎？
當然了，難道
引擎沒能量卻會
自己轉動嗎？
電動車
另作別論。

一般汽車引擎由數個汽缸組成。汽油在汽缸內被燃燒，釋放出能量，並轉化成汽車行走的動力。
四行程引擎是其中一種汽車引擎，以4個步驟推動轉軸，作為一個循環。

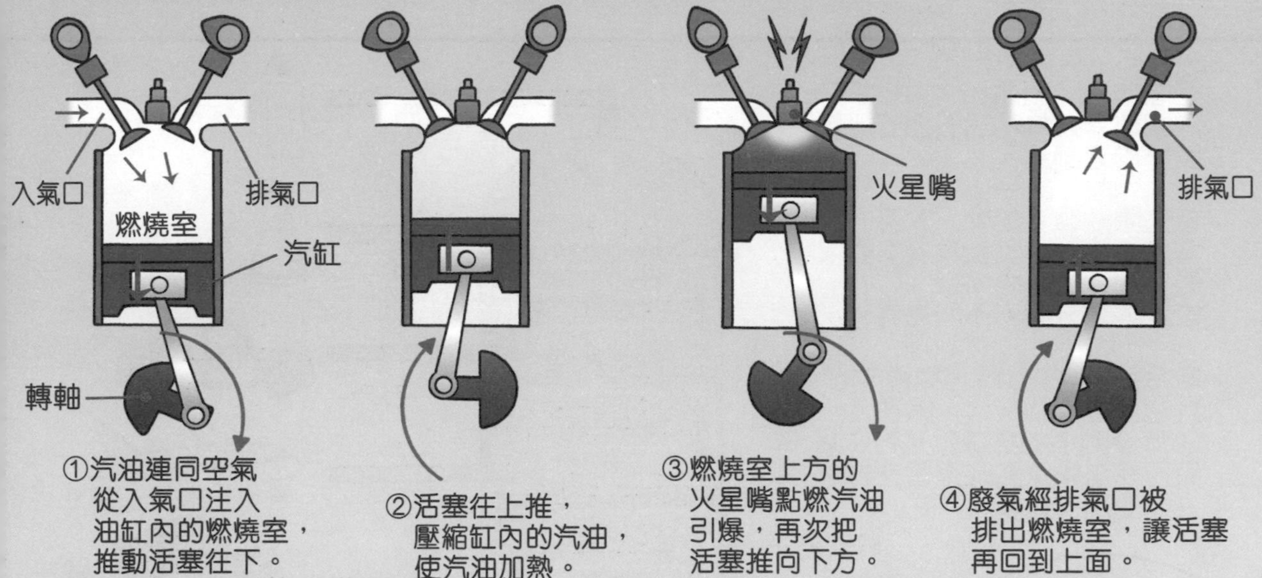

入氣口
排氣口
燃燒室
汽缸
轉軸
火星嘴
排氣口
①汽油連同空氣從入氣口注入油缸內的燃燒室，推動活塞往下。
②活塞往上推，壓縮缸內的汽油，使汽油加熱。
③燃燒室上方的火星嘴點燃汽油引爆，再次把活塞推向下方。
④廢氣經排氣口被排出燃燒室，讓活塞再回到上面。

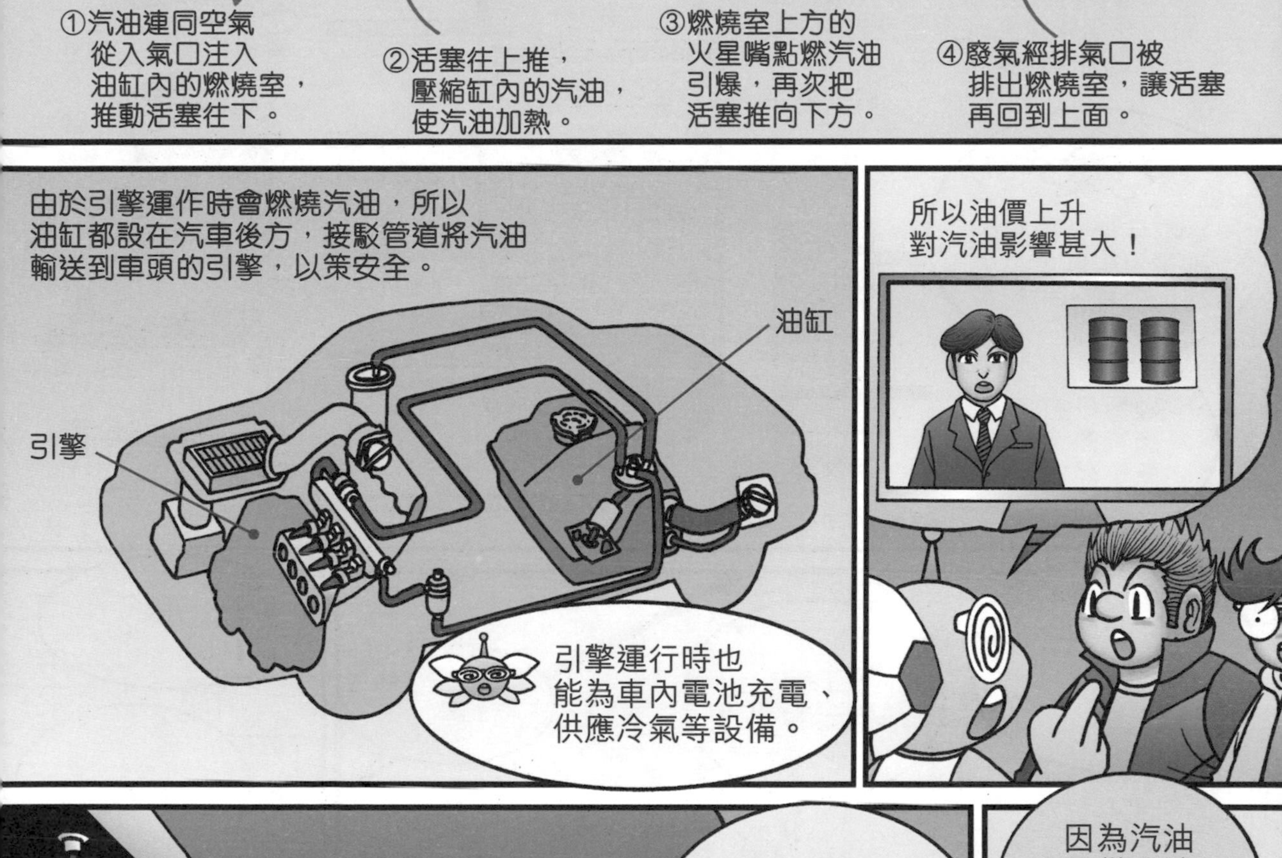

由於引擎運作時會燃燒汽油，所以油缸都設在汽車後方，接駁管道將汽油輸送到車頭的引擎，以策安全。
油缸
引擎
引擎運行時也能為車內電池充電、供應冷氣等設備。
所以油價上升對汽油影響甚大！

但汽油透明，石油卻是黑色，它們怎會有關係呢？
因為汽油是從石油分餾出來的產物。

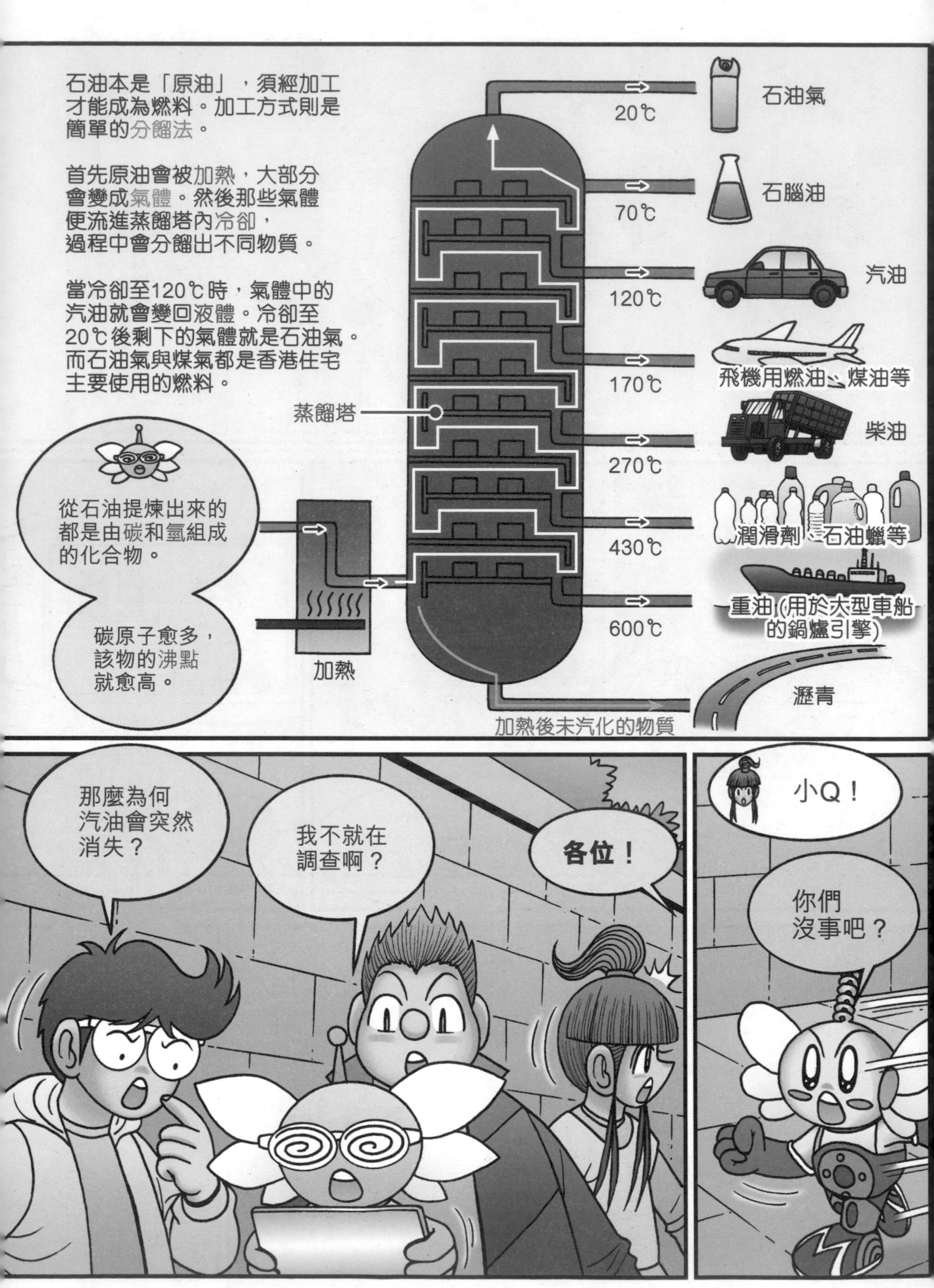
石油本是「原油」，須經加工才能成為燃料。加工方式則是簡單的分餾法。
首先原油會被加熱，大部分會變成氣體。然後那些氣體便流進蒸餾塔內冷卻，過程中會分餾出不同物質。
當冷卻至120℃時，氣體中的汽油就會變回液體。冷卻至20℃後剩下的氣體就是石油氣。而石油氣與煤氣都是香港住宅主要使用的燃料。
20℃
石油氣
70℃
石腦油
120℃
汽油
170℃
飛機用燃油、煤油等
蒸餾塔
270℃
柴油
430℃
潤滑劑、石油蠟等
600℃
重油（用於大型車船的鍋爐引擎）
瀝青
加熱後未汽化的物質
加熱
從石油提煉出來的都是由碳和氫組成的化合物。
碳原子愈多，該物的沸點就愈高。
那麼為何汽油會突然消失？
我不就在調查啊？
各位！
小Q！
你們沒事吧？

我偵測到一件怪事，
這一帶的塑膠製品
都不見了！
甚麼？
咦，我的
膠拖鞋呢？
為何汽油和
塑膠會消失
啊？它們都
不一樣。
一切謎團已經解開，
答案就是石油！
石油？

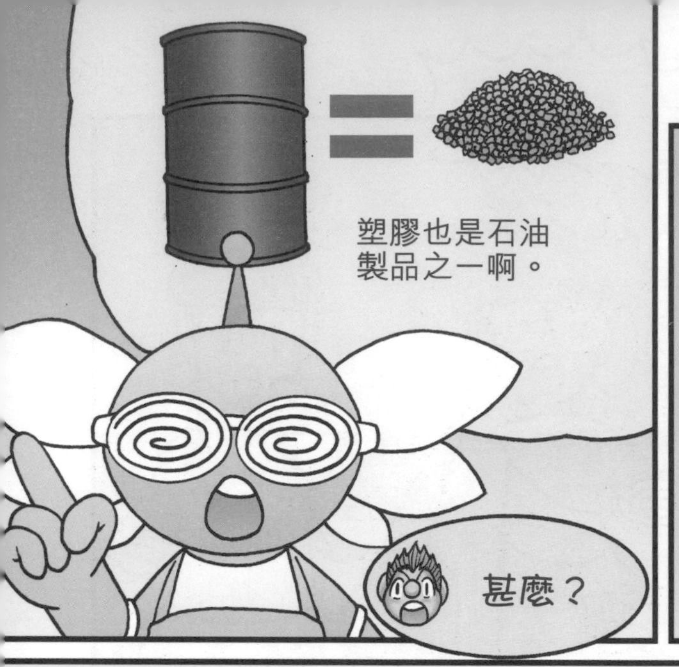

塑膠也是石油製品之一啊。
甚麼？

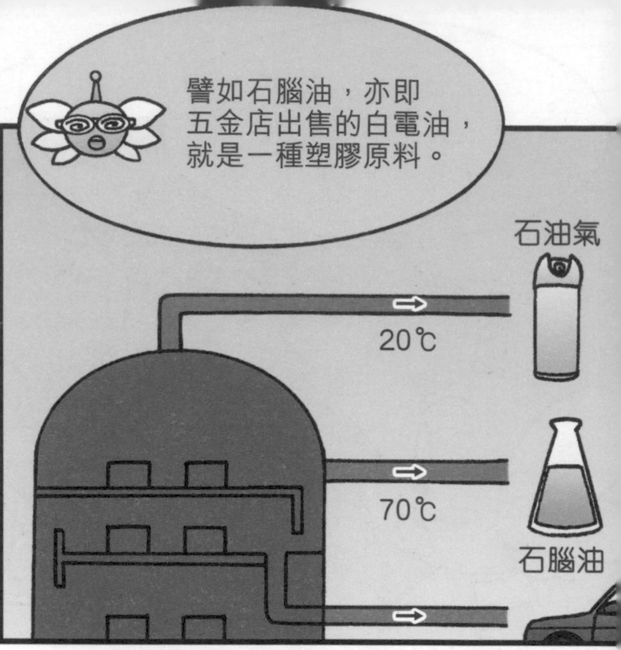

譬如石腦油，亦即五金店出售的白電油，就是一種塑膠原料。
石油氣
20℃
70℃
石腦油

石腦油是生產化學物料「乙烯」的主要材料，而乙烯則是製造PE膠和PVC膠的重要成分。

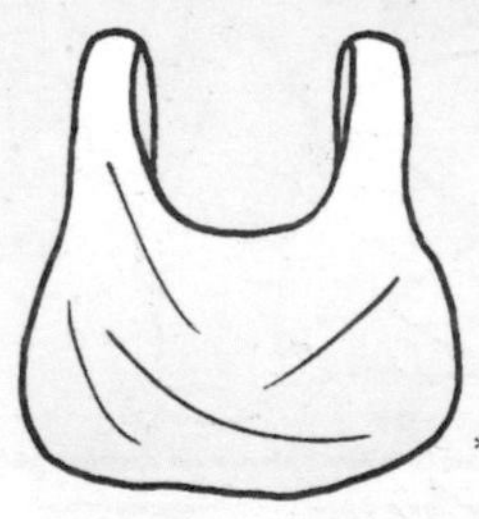

PE和PVC在日常生活中十分常見，與現今人類的關係十分密切。

*有關塑膠的知識，可參閱《兒童的科學》第222及223期連載的「塑膠大戰」

呀！怎麼裝橙的膠袋突然沒了？
所有水管消失了，四周都水浸呀！

這事絕不尋常，可能涉及外星科技。

外星科技？那麼疑兇只有一個！

誰在說我壞話？

乞啾！

不過賺到
這筆大錢後，
我才不計較
那種小事！

這基地以最新的
技術建成，連小Q
也難以找到。
???
???

全地球的石油很快就
歸我所有！

只是石油這東西
形成得既慢，
開採又麻煩。

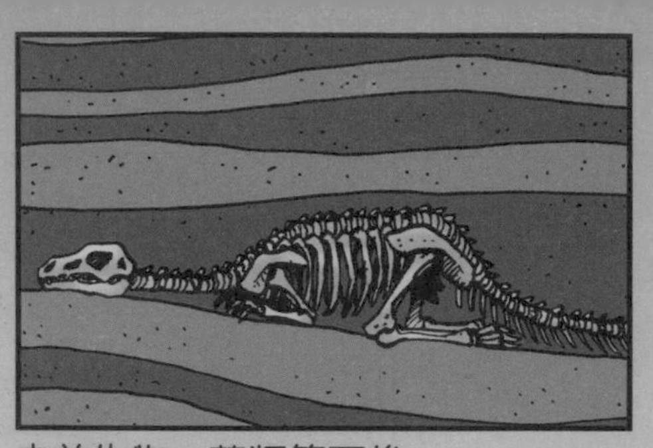

石油形成的原因至今仍未確定，但一般相信是由古代生物殘骸轉化而成。

史前生物、藻類等死後，其屍體沉於海底，並被泥土沙石積壓。

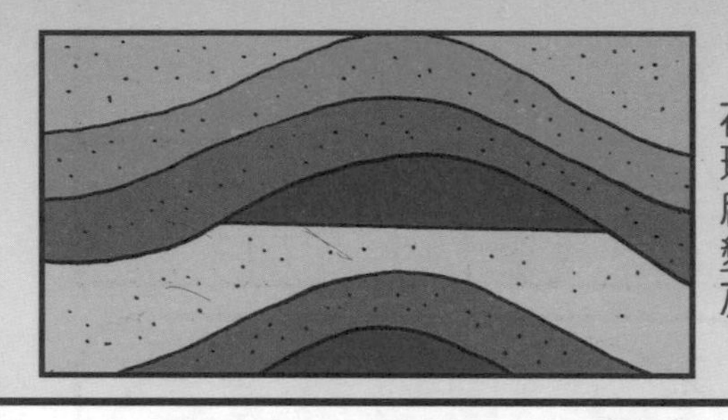

在高壓和缺氧的環境下，殘骸沒有腐爛，而是慢慢變成碳氫化合物，亦即石油。

一般認為石油形成需時100萬年以上呢。

由於石油大多埋在地底深處，開採麻煩。既要用大型機器鑽探和抽取，還須鋪設公路、鐵路或建造巨輪運輸，開支龐大。
若國際社會出現動盪，令石油運輸困難，油價就會急升。

但只要以A星嶄新技術吸收石油產品，再還原成碳氫化合物，就能得到大量石油了！

接下來吸收甚麼好呢？

哈哈哈哈哈！

兩日後
沒車……很……不方便！
想……乘巴士都不行……
你們遲到了！
我們都不想，只是……
嘎嘎！
嘎嘎！
單車的椅墊和腳踏都不見了，結果要跑過來！
就算有單車也沒用，路面變成這樣很難騎啊！
柏油路面以瀝青鋪成。
而瀝青是石油分餾加工後的剩餘物質。
瀝青
不說那麼多了，我已找到Mr.A！

為免被發現，裝扮成普通船客接近
嗚，很暈～
那是甚麼？
好像是鑽油台！
鑽油台？
我只在電視看過，那是開採石油的設備。
對，那是設在海面以開採海底油田的建築物！
地殼長時間緩慢變動，令石油分佈廣泛。有的離地面約1000米，有的卻埋在超過10000米的地底，或是海底深處。
因應不同深度及環境，就須用不同機器採挖石油。若要開採海底油田，就需要運用鑽油台。
嘩！原來是這麼大的！
一個油田最少有數千萬噸石油，當然要用巨型的開採設施。

鑽油台也有不同種類的。

我們上去吧。

鑽油台的設計大致分為固定式和半潛式。

固定式是從海床直接建立支架，支撐整個設施，如同陸地建築。

半潛式則用下潛的船體讓工作平台浮在海面，再以錨鏈固定於海床，以便於深水區靈活工作。

不！

我們查不到其登記紀錄，這鑽油台是假的！

假的？

下回預告：人類面臨石油危機，而且很可能被毀滅？小松和小Q能否拯救世界？

請貼上
HK$2.2郵票
只供香港
讀者使用

兒童的科學 NO.225

香港柴灣祥利街9號
祥利工業大廈2樓A室
兒童的科學 編輯部收

有科學疑問或有意見、
想參加開心禮物屋，
請填妥問卷，寄給我們！

大家可用
電子問卷方式遞交

▼請沿虛線向內摺

請在空格內「✔」出你的選擇。

我購買的版本為：01☐實踐教材版 02☐普通版

*給編輯部的話

*我的科學疑難/我的天文問題：

*開心禮物屋：我選擇的禮物編號

*本刊有機會刊登上述內容以及填寫者的姓名。

有關今期內容

Q1：今期主題：「槓桿原理大探究」

03☐非常喜歡 04☐喜歡 05☐一般 06☐不喜歡 07☐非常不喜歡

Q2：今期教材：「迴轉投石器」

08☐非常喜歡 09☐喜歡 10☐一般 11☐不喜歡 12☐非常不喜歡

Q3：你覺得今期「迴轉投石器」容易組裝嗎？

13☐很容易 14☐容易 15☐一般 16☐困難

17☐很困難（困難之處：__________________）18☐沒有教材

Q4：你有做今期的勞作和實驗嗎？

19☐逃出磁力迷宮 20☐實驗：魔術般的單車意外

問卷

請沿實線剪下

請沿實線剪下

請以膠水封口

讀者檔案

#必須提供

#姓名：	男 女	年齡：	班級：
就讀學校：			
#居住地址：			
	#聯絡電話：		

你是否同意，本公司將你上述個人資料，只限用作傳送《兒童的科學》及本公司其他書刊資料給你？（請刪去不適用者）
同意/不同意　簽署：____________________　日期：________年_____月_____日
（有關詳情請查看封底裏之「收集個人資料聲明」）

讀者意見

A 科學實踐專輯：未知投石大賽
B 海豚哥哥自然教室：波爾山羊
C 科學DIY：逃出磁力迷宮
D 科學實驗室：魔術般的單車意外
E 讀者天地
F 大偵探福爾摩斯科學鬥智短篇：吸血鬼之謎III(3)
G 科技新知：飲料平衡托盤
H 成語科學對對碰：信口雌黃
I 天文教室：微隕石的傳奇
J 人體趣談：臭屁的由來
K 古生物發掘場：披盔甲的魚？
L 活動資訊站：全國青少年科技創新比賽2023香港區頒獎典禮
M 數學偵緝室：校園文化日的大獎
N 現場報道：極速衝刺一級方程式！
O 曹博士信箱：為甚麼風會有聲音？
P 科學Q&A：沒有石油的一天(上)

＊請以英文代號回答**Q5**至**Q7**

Q5. 你最喜愛的專欄：
第1位 21________　第2位 22________　第3位 23________

Q6. 你最不感興趣的專欄：24________　原因：25________

Q7. 你最看不明白的專欄：26________　不明白之處：27________

Q8. 你從何處購買今期《兒童的科學》？
28□訂閱　29□書店　30□報攤　31□便利店　32□網上書店
33□其他：________

Q9. 你有瀏覽過我們網上書店的網頁www.rightman.net嗎？
34□有　35□沒有

Q10. 你有否到過「正文社YouTube頻道」收看《兒童的科學》的影片？
36□有，會繼續收看　37□沒有，會嘗試收看　38□有，不會繼續收看
39□沒有，不會嘗試收看

Q11. 你有參加以下哪種性質的課外活動？(可選多項)
40□音樂　41□體育　42□舞蹈　43□棋類　44□社會服務　45□學術　46□外語
47□戲劇表演　48□其他：________　49□沒有參加

請以膠水封口